中级动物实验专业技术人员考试参考教材

李根平　陈振文　郑振辉　孙德明　主编

中国农业大学出版社
·北京·

编委会名单

主　编　李根平　陈振文　郑振辉　孙德明

（以下按姓氏笔画为序）

副主编　王元占　王承利　叶华虎　杜小燕　吴艳华　贺争鸣　郭德玉
　　　　曾　林　阚广捍

编　委　王元占　王承利　叶华虎　卢　静　朱玉峰　孙德明　杜小燕
　　　　时彦胜　李根平　吴艳华　尚世臣　陈克研　陈振文　贺争鸣
　　　　张　贺　郑振辉　郭德玉　曾　林　阚广捍

主　审　陈振文　李根平

前　　言

目前，快速发展的生命科学对实验动物从业人员队伍提出了更高要求。强化实验动物从业人员队伍建设，建立实验动物从业人员专业化职业化培训、考核和资格认定标准体系，是我国实验动物事业持续、健康、快速发展的基础和保障。根据《实验动物管理条例》对从业人员进行技术培训和考核的要求，参考国际现代实验动物从业人员职业化的发展趋势以及我国现代实验动物行业专业技术人员队伍建设的实际需要，根据"国家实验动物从业人员培训考核体系的建立"项目所制定的《实验动物人员分类分级标准》和《实验动物人员培训考核评估办法》，我们编写了《实验动物从业人员上岗培训教材》、《初级实验动物专业技术人员考试参考教材》、《中级实验动物专业技术人员考试参考教材》、《高级实验动物专业技术人员考试参考教材》、《初级动物实验专业技术人员考试参考教材》、《中级动物实验专业技术人员考试参考教材》和《高级动物实验专业技术人员考试参考教材》。

本书为《中级动物实验专业技术人员考试参考教材》，内容的编写依据《实验动物人员培训考核评估办法》中针对中级动物实验人员应知应会的有关动物实验理论知识和技能要求。全书共计11章，内容从动物实验的特点与要求、动物实验与基础理论知识的关系及动物实验中善待实验动物的基本要求入手，深入阐述动物实验的管理，实验动物设施及动物实验用品的消毒与灭菌，受试物给予方法，动物标本的采集与处理，实验动物的镇痛与麻醉，常见动物外科手术，输液、输血及给氧，实验动物尸体剖检，实验性动物模型制作技术，感染动物实验技术等。通篇贯穿动物实验的技能，更注重动物实验的管理。力求内容翔实、系统和新颖，强化与常规动物实验的联系。既有系统的理论知识又有详细的实验操作技术，同时也关注动物实验的发展趋势，强化动物实验中的动物福利。

本书是在全国实验动物专家学者鼎力协助下完成的，是集体劳动的结晶。首先要感谢众多编者和幕后支持者的辛勤劳动，更要感谢国家科技部的立项支持，感谢北京市科委和北京市实验动物管理办公室的支持与鼓励。感谢荣瑞章教授、赵继勋教授、赵德明教授、仇志华教授、陈华教授、卢胜明教授对本书的内容给予的宝贵意见和精心修改。

本书是中级动物实验技术人员理论考试的参考教材。通过理论考试和实际操作考核，全面反映被考核人具备的动物实验技能，检验担任各种动物实验人员、较大规模的动物实验室管理人员的工作能力。本书也可作为从事生命科学研究、生物制药及质量控制人员的有用的参考书。

由于编者知识、水平和能力所限，加之实验动物科学发展迅速，新知识、新技术不断涌现，虽然参编者已尽全力，但遗漏和错误在所难免，恳请同行专家和读者见谅，敬请不吝指正。

陈振文

2011年7月

目　录

第一章　概　　论

医学史上许多具有里程碑式的研究成果都与实验动物和动物实验有着密切关系。比如，1960年，美国Jackson研究所的研究员George Snell，使用近交系小鼠研究肿瘤移植，观察其存活或排斥现象，由此发现组织相容性基因（后改名为主要组织相容性复合体），尔后医学界发现人类存在类似的基因。1980年，Snell博士因此成果获得诺贝尔奖。免疫缺陷小鼠（裸鼠和SCID小鼠）的发现和实验研究的展开，为研究人类肿瘤的发病机理、抗肿瘤药物的筛选与治疗效果的观察以及肿瘤免疫学研究起到了极大的推动作用，从而使该领域的研究有了突飞猛进的革命性发现。1996年7月5日，英国罗斯林研究所利用体细胞克隆技术，成功克隆出羊"多莉"。体细胞作为供体细胞进行细胞核移植研究的成功，是20世纪生物学领域的突破性成就之一，在理论上具有重要意义。从上述事例不难看出，新理论的发现、新领域的开拓以及重大疑难问题的解决都与动物实验有着密切的关系。

第一节　动物实验的特点与要求

一、动物实验的特点

（一）可控性

动物实验过程是在人为控制的条件下、并按照预先设计的发生发展路线有序进行的。根据研究目的，对动物实施相应的处理，使动物可以特异、可靠地反映出某一（或一些）机能、代谢或结构变化，或表现出特异性体征。而这些变化和体征是能够通过检验手段加以确定的。而当人们改变某些条件，或延长或加重实验处理，动物则随着这些改变而表现出相应的变化。科技人员根据研究目的设计动物实验，以实现动物实验目标，这是人类利用动物进行研究的根本所在。

（二）再现性

在受控环境条件下，应用标准化的实验动物，采用规范化的操作技术，是完全可以将同一动物实验重复出来的。再现性也是评价一个动物实验过程和结果的重要指标。实验条件不可控，动物质量不高，使用非标准化方法是不可能获得准确的动物实验结果，也不可能使动物实验结果重现。动物实验再现性这一特性为我们依据相关标准进行产品质量检验和在不同时空验证新的理论提供了可靠的技术手段和工具。

（三）相似性

利用各种手段复制人类疾病动物模型，可以从动物实验中得到一些外推到人类疾病的有关规律。动物实验与研究目的之间所存在的这种相似性，是利用动物研究人类疾病的基础。比如，临床研究表明，HIV可首先穿过子宫颈内的细胞，然后再进入附近的淋巴结，造成人类的感染。而实验性地将猴免疫缺陷病毒(SIV)注入恒河猴阴道,检查结果表明,该病毒侵入途径与人体的临床研究结果相一致。

另外,实验动物作为一个完整的生物体,在疾病等方面的实验研究中所体现的外在体征与组织或细胞试验相比较,与人类疾病更具有相似性。

(四)简易性

在医学研究领域,动物实验是研究疾病病因、疾病发生发展、治疗效果、预防控制等最佳的方法。疾病的发生是复杂的,除了自身因素(如年龄、性别、体质等)外,社会因素也与疾病发生有着密切关系。采用动物实验方法研究疾病,则可将其他因素加以控制,用单一病因作用实验动物,以此来研究这一病因在某种疾病过程中所扮演的角色,使所得到的结果更准确,研究更为深入。如利用遗传工程技术,建立人类疾病动物模型,以探讨单一基因的致病作用,或多基因在疾病发生过程中的相互作用。

(五)差异性

动物与人存在差别,将动物试验结果外推(extrapolation)到人类具有一定的风险。目前还没有哪种理论能够证明这种外推法具有完全的有效性。动物实验中观察到的一些明显与人体反应不同的现象,可能由多种因素所致,也是客观存在。对研究人员来讲,应该通过科学的设计,尽可能多地减少存在的差异性,提高动物实验的研究意义和动物实验结果的应用价值。

(六)伦理性

对疾病的研究不可能在人体上进行,而用动物代替人体做实验对象,就可以在人为设计的实验条件下反复观察和研究;可以克服在人体研究会经常遭遇的伦理方面的限制;可以采用某些不能应用于人体的方法和途径进行研究。

二、动物实验的要求

(一)对实验设计的要求

动物实验设计是实施动物实验的依据,是进行实验数据处理与分析的前提和保证实验研究质量的基本措施之一。科学的实验设计可以减少实验误差,最大限度地获得丰富而可靠的数据,而且还可提高工作效率,避免人力和物力的浪费,有利于动物福利。动物实验设计应遵循如下原则:

1.对照性原则

对照可分为自体对照和组间对照两类,后者更为常用。设立对照组是消除或减少非实验因素干扰所造成的误差的有效措施。

2.随机性原则

将研究对象随机分配给对照组和实验组,减少实验者主观因素或其他偏性误差对实验结果的影响。

3.一致性原则

除了处理因素不同之外,对照组和实验组的非处理因素要基本保持均衡一致。

4.精确性原则

同一实验处理组要设置多个样本(即多只动物),以降低实验误差和增强代表性,保证实验结果的真实性。

5.客观性原则

尽量选择客观性强的观察指标，以减少人为判断上的主观偏性干扰。

6.3Rs原则

尽可能应用替代方法(Replacement)；减少动物用量(Reduction)；优化实验程序和技术(Refinement)，减小给动物造成与实验目的无关的疼痛和痛苦。

(二)对实验动物的要求

动物作为实验处理的载体对结果产生直接影响。为使结果准确、可靠、重复性好，从而得出正确的结论，选择适宜的动物非常重要。

实验动物的选择应注意动物的种属、品系、年龄、体重、性别、生理状况和健康情况等，其中应对遗传因素和健康因素给予高度重视。不同品种、同一品种不同品系的动物遗传基础各不相同，对同一实验处理会产生截然不同的生物学反应。为减少遗传因素而产生的这种差异对结果的干扰，应选择适宜的动物品系，以此提高动物实验的准确性。使用被病原微生物和寄生虫感染的实验动物进行实验，其结果会出现较大偏差，还存在感染实验人员的可能。应用高质量实验动物是动物实验设计中应考虑的基本内容之一。

(三)对实验环境的要求

动物对实验处理的生物学反应，在一定程度上依实验所处环境不同而发生差异。为使动物能对实验处理做出正确反应，或保证同一类型不同批次的动物实验结果一致，应对实验环境进行有效控制，尽量减少环境因素对实验结果的影响。

影响动物实验结果的环境因素包括气候因素(温度、湿度、气流、风速等)、理化因素(噪声、照明、有害气体等)、居住因素(设施、笼具、垫料)以及生物因素(微生物、寄生虫、遗传等)。应对各种因素加以控制，使得诸多因素对动物实验的影响限制在最低水平。

(四)保证实验动物的营养要求

保证动物所需要的营养供给是维持动物健康和提高动物实验结果准确性的重要因素。营养主要包括饲料和饮水两个方面。

动物的生长、发育、繁殖和抵御疾病等一切生命活动依赖于饲料所提供的营养。同样，营养缺乏的饲料可改变动物的生理生化指标以及生理状态，直接影响着动物的生物学反应机能，影响动物实验结果的准确性。

与饲料相比较，饮水对实验动物的影响更大。动物缺水或长期饮水不足，引起代谢紊乱，降低免疫力和抗病力，对动物健康造成严重危害。

(五)对操作技术的要求

动物实验要求按照良好实验室规范(GLP)和标准操作规程(SOP)进行。动物实验中对实验动物，实验室条件，研究人员的业务素质、技术水平和操作方法都有明确的要求。动物实验人员必须接受实验动物学知识和动物实验技术等相关培训，通过考核后持证上岗。

(六)对仪器和用品的要求

根据动物实验的内容，配备相应的仪器，并应校准；严格按照使用说明书进行操作。各种实验器械要消毒，配套。随着科学技术的发展，先进的科学仪器设备在动物实验研究中广泛得到应用，使我们对各种生命现象有了更为本质的了解。应尽可能使用现代化、自动化的仪器设备，减少对动物造成的伤害；利用先进的仪器设备，通过使用有限的动物以获取更多的实验数据，减少动物实验次数和动物使用量。

第二节　动物实验与基础理论知识的关系

一、动物实验基于基础理论知识

动物实验是以实验动物作为研究载体，采用各种方法在实验动物机体上进行科学实验，研究实验动物生物学特性、动物实验技术、动物实验过程中实验动物的反应以及发生发展规律，从而获取新知识、发现新规律的科学实践活动。因此说，动物实验是建立在多种学科知识和科学基础理论之上的科学活动，它既包括解剖学、组织学、生理学，也包括免疫学、流行病学、药理学、毒理学、心理学、行为学等。如利用裸鼠进行肿瘤学研究，基于对组织相容性基因的发现。离开遗传学理论和基因操作技术，也不可能获得转基因动物。

二、动物实验是验证理论假说正确与否的有效方法

动物实验在科学理论的基础上和生命科学快速发展的迫切需求下得以飞速发展，反之，由此发现的新理论和新知识又通过动物实验这一手段得以验证，使科学理论体系不断丰富和完善。如将动物实验这一科学研究手段引入中医药研究，验证传统中医基础理论的实质内涵及其科学性，实现中医宏观与微观、结构和功能的有机结合，促进中医理论的现代化。在脏象本质的研究、证候发生机理的研究、中医病因致病机理的研究以及同病异证、异病同证的发生机理的研究中，动物实验起到了重要作用。

三、基础理论知识是动物实验不断丰富和完善的基石

动物实验是在科学理论指导下的科学实践活动，不是一个随心所欲的简单操作过程。而动物实验的发展离不开基础理论知识，后者是推动前者不断丰富和完善的根本动力。各种实验技术的建立、动物实验设备的研发以及对动物实验结果的分析统计，都充分地说明了这一点。如遥测理论和技术在动物实验中的应用，可使动物各种生物学反应的变化得以实时监控，提高了动物实验结果的真实性和可靠性，使动物实验技术发生根本性改变。由于疾病病因学的发展和遗传工程技术的应用，使得利用转基因动物实验能够对单一（或多个）基因进行分子水平的研究，以探讨单一（或多个）基因与疾病发生发展之间的关系，为疾病治疗的个性化和基因治疗技术的应用奠定了理论基础。

第三节　动物实验中善待实验动物的基本要求

一、国外有关动物实验的伦理要求与 3Rs 原则

（一）国际组织

在保证科学发展的基础上维护实验动物福利，在实验研究中善待实验动物，已引起某些国际组织的高度关注，并制定出法规条文，以此来约束各签约国的行为。例如，1986 年欧洲议会通过了《保护在实验中或为达到其他科学目的使用脊椎动物的欧共体条例（86/609/EEC）》，该条例依据各成员国动物保护法律、条例或管理条款，制定出能使各国接受和执行的条款，以避

免影响共同市场的建立和运作，减少因非技术壁垒而造成的国际贸易障碍。该条例规定：应为实验动物提供有益于健康和安乐的生活环境、饲料、饮水和垫料；如果有其他合理科学的非动物实验方法可以使用，并且能够获得所要实验结果的时候，就不应该再利用动物进行实验；如果一个动物实验必须进行时，这时就要仔细考虑选择哪一种类的动物，选择使用动物数量最少的实验方案，包括使用神经生理最不敏感的低等动物，选择在实验过程中，给动物造成最小疼痛、痛苦和压抑以及最短伤害时间，同时也能获得令人满意的实验结果的实验方法等。

1982 年，WHO 和国际实验动物科学理事会根据双方合作计划与协议，共同起草了《实验动物饲养与管理指南》。该指南包含实验动物和动物实验诸多方面的要求，对实验动物保护和福利也进行详细的阐述，指出：以科学研究为目的使用动物时，必须坚持负责任地、合乎道德地使用动物这一基本原则；科学家和技术人员应知道如何设计一个好的实验，了解所用动物品种的基本生物学特性和营养需要；最大限度地减轻动物的痛苦，使用动物进行任何科学研究都必须遵循 3Rs 原则等。

（二）美国

美国立法以加强实验动物的管理，一个明显的特点就是由技术上的严格要求转向善待动物的仁慈化管理，提倡关注实验动物福利，爱护实验动物，严禁粗暴对待和虐待实验动物；采取各种措施，利用各种方式，如遵循 3Rs 原则，开展动物实验替代方法研究等。

1963 年，由美国国立卫生研究院出版了《实验动物饲养管理和使用指南》（以下简称《指南》），1965、1968、1972、1985 和 1996 年 5 次修订，《指南》的内容包括研究机构的政策和职责，动物环境、饲养与管理，兽医护理和总体布局等。要求每所研究机构应成立“研究机构动物管理和使用委员会”（IACUC），负责监督和审查有关动物实验计划、操作程序和设施条件，以保证符合《指南》的要求。使用较少侵害性的操作措施，用离体器官、细胞或组织培养物或计算机模拟等替代实验动物；应选择适宜镇痛剂或麻醉剂，最大限度地满足临床和人道方面的要求；在研究结束时，应采用安死术处置动物等。

除此之外，涉及动物实验福利伦理和 3Rs 原则的管理法规还有：《动物福利法》、《关于在测试、科研和培训中脊椎动物的管理和使用原则》、《人道主义饲养和使用实验动物的公共卫生方针》等。

（三）英国

英国是世界上动物福利法立法最早的国家，也是最早提出动物实验 3Rs 原则的国家。

1986 年，英国制定了以实验动物为核心内容的《动物（科学程序）法令》，这是英国第一部规范动物实验的法律，目的在于：建立一个动物实验的管理体系，规范在科学研究中使用动物的行为，以减轻对实验动物的伤害程度。其中规定：实验基地必须获得执照，必须有考虑动物福利的提议和记录；实验方案应事先获得批准，处死动物应采用人道的方法；实验人员必须拥有执照，无证人员进行实验将视为违法行为，承担相应的法律责任。

在《动物保护法案》（1954）中规定，实施动物手术而没有使用麻醉剂以消除疼痛的，该手术将视为不合法和不人道的，主要负责人应承担相应的法律责任。

（四）加拿大

在动物实验管理方面，加拿大是通过由科学界、政府机构和人道主义协会等机构联合组成的加拿大动物管理委员会（Canadian Council on Animal Care，CCAC）建立管理系统，实现对实验动物使用情况的管理和监督，这是在动物实验管理方面与其他国家的不同点。

CCAC成立后，提出一系列实验动物管理原则，如《实验用动物管理和使用指南》、《加拿大动物管理委员会准则：研究、教学和检验中选择恰当的动物实验终点》、《动物研究伦理》和《青年科学会有关在科研课题中使用活体脊椎动物条例》等。其中规定：研究人员有义务遵守人道主义原则，避免动物遭受不必要的痛苦和伤害；如不能避免，应尽量减少其强度、缩短其时间；应采用安死术方法使动物快速丧失知觉等。动物实验应遵守3R原则，选择仁慈终点结束实验，减轻动物所承受的痛苦。

（五）日本

1980年，日本总理府发布了《实验动物饲养及保管基准》，1987年日本文部省下发了《关于大学等使用实验动物的注意事项》，1996年，日本总理府发布了《动物处理方法规则》和《动物安乐死规则》。关于动物实验方面，要求成立动物实验委员会，负责审查动物实验计划和实施方案。强调尊重动物生命，科学地进行动物实验。尽可能选择非动物的方法进行研究；在不影响实验结果的情况下，应使用麻醉剂，尽可能减少动物痛苦。在实验结束时、或动物生病不能救治而陷于痛苦时、或实验终止继续饲养会极大增加经济负担时，应采用安死术处死动物。

2006年，日本教育、体育、科学技术部和厚生省、劳动与福利部联合发布实施了《动物试验基本方针》，要求在教育、检验、研究、生物制品生产或其他科学目的方面使用实验动物，应考虑使用替代方法，在保证上述活动完成的条件下，要尽可能地使用少量动物。使用动物时，应该采用不引起动物疼痛或压抑的方法。在动物使用之后不能康复时，必须立即采用引起动物最小疼痛方法处置动物。

（六）其他

关注实验动物福利以及科学研究领域中动物实验伦理问题，各国都根据自己的国情和科学发展需要，制定了形式各异、但内容却大同小异的法律法规或规章条例，以规范实验动物的使用（表1-1）。

表1-1 有关国家对实验动物或动物实验的法律法规

国家	发布情况
澳大利亚	1969年，由国家健康和医学研究委员会、联邦科学和工业研究组织、澳大利亚和新西兰农业资源管理委员会、澳大利亚研究委员会、澳大利亚大学副校长联合会共同起草了《实验动物管理与使用法规》。该文件历经1979年、1982年、1985年、1989年和1997年修订（第6版）
德国	1972年，由德联邦消费保护、饮食和农业部发布了《动物保护法》（注：包含对动物实验的要求），分别于1986年、1987年、2001年修订
新西兰	1999年，制定了《动物福利法》，9章202条
泰国	由国家研究委员会制定《动物实验伦理准则与指南》、《动物使用的伦理指南监控》
菲律宾	1992年，发布了《菲律宾实验动物管理与使用指南》；2002年，由菲律宾实验动物资源发展和标准化委员会组织，对其进行了修订
韩国	1991年，韩国农业部发布了《动物保护法》，对研究中的动物实验提出要求
荷兰	1977年，发布了《动物实验法》；1996年，荷兰议会下院讨论通过了该法的修订计划

此外，印度、芬兰、捷克、奥地利、比利时、法国、希腊、爱尔兰、意大利、挪威、波兰、葡萄牙、斯洛文尼亚、瑞典、瑞士等国家都制定有不同形式的法律法规来规范动物实验，以期保护实验动物福利，减少因科学研究进行的实验操作对动物造成伤害。

二、我国有关动物实验中善待实验动物的基本要求

(一)国家行政法规和部门规章

1.《实验动物管理条例》

1988年经国务院批准、由国家科学技术委员会发布实施《实验动物管理条例》,这是我国第一部实验动物管理法规,共8章35条。从管理模式、实验动物饲育管理、检疫与传染病控制、实验动物应用、进出口管理、实验动物工作人员以及奖惩等方面明确了国家管理准则,标志着我国实验动物管理工作开始纳入法制化管理轨道。

在《条例》的第十三条、第十四条、第十五条中,分别对实验动物的饲料、饮水和垫料质量作出规定,以保证实验动物福利。第二十九条中要求"从事实验动物工作的人员对实验动物必须爱护,不得戏弄或虐待。"

2.《关于善待实验动物的指导性意见》

2006年9月,由国家科技部发布的《关于善待实验动物的指导性意见》,共6章30条。在总则中,要求实验动物生产单位及使用单位应设立实验动物管理委员会(或实验动物道德委员会、实验动物伦理委员会等),制定管理制度、开展人员培训、保证相关条件符合善待实验动物的要求等;在动物实验方面,要求减少因实验处置引起的疼痛、开展动物试验替代方法的研究、实施有效的麻醉、温和保定、实施安乐死、选择"仁慈终点"、慎用灵长类动物等。在相关保障措施方面,要求动物实验在经动物道德委员会批准后方可实施。

该指导性意见是我国第一部专门针对实验动物福利和动物实验伦理的规范性管理文件,表明我国科技管理部门和科技界对该问题的高度关注。

3.《国家科技计划实施中科研不端行为处理办法(试行)》

2006年,国家科学技术部发布了《国家科技计划实施中科研不端行为处理办法(试行)》。在本办法所列出的6种不端行为中,包括"违反实验动物保护规范"。将实施实验动物保护规范的行为提升至加强国家科技计划实施中的科研诚信建设这样一个高度,足以说明国家科技管理机构对实验动物工作的重视,说明规范在使用实验动物进行科学研究中的行为,不再是一个简单的技术层面问题,而是科技人员在实际工作中对待科研诚信的一种具体体现。

除此之外,1997年,国家科学技术委员会第一次完整地将3Rs原则写进《关于"九五"期间实验动物发展的若干意见》这一政府文件;2001年,在《科研条件建设"十五"发展纲要》中明确提出"推动建立与国际接轨的动物福利保障制度"。所有这些对推动我国实验动物福利研究和3Rs原则研究与应用,规范动物实验研究中的科学行为,无疑起到了重要作用。

(二)地方法规

1.《北京市实验动物管理条例》和配套文件

《北京市实验动物管理条例》经修订(2004年12月2日北京市第十二届人民代表大会常务委员会第十七次会议修订)后,凸显对实验动物福利伦理的重视。第二十六条强调"从事动物实验的人员应当遵循替代、减少和优化的原则进行实验设计,使用正确的方法处理实验动物"。

为贯彻实施《北京市实验动物管理条例》,维护实验动物福利,规范动物实验伦理审查工作,制定了《北京市实验动福利伦理审查指南》,其中强调:在北京地区和单位两个层面上成立实验动物福利伦理委员会;提出了开展福利伦理审查的基本原则和通过福利伦理审查的基本

要求。

2.《湖北省实验动物管理条例》

2005年7月29日，湖北省第十届人民代表大会常务委员会第十六次会议通过了《湖北省实验动物管理条例》。《湖北省实验动物管理条例》第二十九条明确规定："从事实验动物工作的单位和个人，应当关爱实验动物，维护动物福利，不得戏弄、虐待实验动物。在符合科学原则的前提下，尽量减少动物使用量，减轻被处置动物的痛苦。鼓励开展动物实验替代方法的研究与应用。"

3.《云南省实验动物管理条例》

2007年7月27日，云南省第十届人大常委会第三十次会议审议通过了《云南省实验动物管理条例》。该条例第二十七条明确规定："从事实验动物工作的单位或者个人，应当善待实验动物，维护动物福利，不得戏弄、虐待实验动物，尽量减少动物使用量，减轻实验动物的痛苦。鼓励开展动物实验替代、优化方法的研究与应用。不再使用的实验动物活体，应当采取痛苦最少的方式进行妥善处置。"

4.《黑龙江省实验动物管理条例》

2008年10月17日，黑龙江省第十一届人民代表大会常务委员会第六次会议通过了《黑龙江省实验动物管理条例》。第五条规定，动物实验设计和实验活动应当遵循替代、减少和优化的原则。从事实验动物工作的单位和人员应当善待实验动物，维护实验动物福利，应当采取尽量减轻动物痛苦的方式进行妥善处理。对于违反本条规定的处罚措施是处二千元以上二万元以下罚款，情节严重的并处暂扣实验动物许可证。

5.《广东省实验动物管理条例》

2010年6月2日，广东省第十一届人民代表大会常务委员会第十九次会议通过了《广东省实验动物管理条例》。鼓励共享实验动物的实验数据和资源，倡导减少、替代使用实验动物和优化动物实验方法。实验动物生产、使用活动涉及实验动物伦理与物种安全问题的，应当遵照国家有关规定，并符合国际惯例。对实验动物进行手术时，应当进行有效的麻醉；需要处死实验动物时，应当实施安死术。附则中还明确了实验动物伦理、实验动物福利和安死术含义：实验动物伦理，是指在实验动物生产、使用活动中，人对实验动物的伦理态度和伦理行为规范，主要包括尊重实验动物生命价值、权利福利，在动物实验中审慎考虑平衡实验目的、公众利益和实验动物生命价值权利。实验动物福利，是指善待实验动物，即在饲养管理和使用实验动物活动中，采取有效措施，保证实验动物能够受到良好的管理与照料，为其提供清洁、舒适的生活环境，提供保证健康所需的充足的食物、饮用水和空间，使实验动物减少或避免不必要的伤害、饥渴、不适、惊恐、疾病和疼痛。安死术，是指以人道的方法处死动物的技术，使动物在没有惊恐和痛苦的状态下安静地并在尽可能的时间内死亡。

另外，我国台湾地区制定了《动物保护法》（1998年）和《动物保护法实行细则》（2000年），提出"使用动物进行科学应用，应尽量减少数目，并以使动物产生最少痛苦及伤害之方式为之"。"实验动物经科学应用后，除有科学应用上之需要，应待其完全恢复生理功能后，始得再进行科学应用"。香港制定了《防止残酷对待动物条例》（1999年）。规定了有关残酷对待动物的罚则。

（三）其他

除了上面提及的《实验动物管理条例》外，我国还发布了《实验动物质量管理办法》、《实验动物许可证管理办法(试行)》、《实验动物种子管理办法》等管理性文件。虽然在这些文件中没有动物福利伦理的字样,但某些条款在客观上起到了维护动物福利,推动实验动物福利伦理工作发展的作用。

为进一步加强科学研究工作基本行为规范的建设,树立良好的学风,2002 年 6 月 20 日,中国科学院上海生命科学研究院出台了《中国科学院上海生命科学研究院科学研究行为规范条例(试行)》。强调在活体动物实验中,不应给实验动物造成不必要的痛苦或不适。研究报告或论文中必须明确麻醉和手术的过程,手术后护理,包括麻醉剂的名称、剂量及给药途径和补充麻醉的剂量和给药途径。科研人员应保证采取适当的措施防止动物在实验的全过程中遭受不必要的痛苦。动物在实验后处死的过程也应当描述。采用离体器官、组织或培养细胞的实验必须描述对供体动物麻醉、处死的过程。

第二章 动物实验的管理

第一节 动物实验仪器设备与器械物品管理

一、动物实验常用的仪器设备和物品种类

动物实验因目的不同，所需要的仪器设备和器械物品各异。但良好的动物实验室管理和保持常用仪器设备的正常运转，不仅能有效提高动物实验效率，而且也有利于方便科技人员，增强动物实验条件保障能力。

动物实验的常规仪器设备应该包括动物保定(固定)设备、动物麻醉用具、手术器械、测试(测量)仪器以及其他辅助设备。

(一)动物保定(固定)设备

常用动物保定设备包括能满足常用实验动物(如大小鼠、兔、狗、猴等)保定所需要的保定台、保定架或保定器具；如实验室经常使用其他特殊实验动物，还应包括这些动物的特制保定器械。保定器械的数量与动物实验室的规模相适应，以能满足实验需要为原则。

(二)动物麻醉用具

常用动物麻醉用具包括简单的麻醉枪(如条件允许也可购置麻醉机等)。要求用具保养良好，维持正常工作状态。

(三)手术器械

常用的手术器械包括手术床、手术灯、手术刀、手术剪、手术钳、持针器、拉钩、血管夹、缝针、缝线、弯盘等。要求手术器械的规格和数量能满足实验需要，同时保持器械整洁卫生。

(四)测试(测量)仪器

常用的测试(测量)仪器包括温度计、天平、量筒、量杯、电生理仪等。要求仪器运转良好并处于受控状态(计量仪器实施定期标定，非计量仪器处于良好工作状态)。

(五)其他辅助设备

此外，动物实验室还需要配置其他辅助设备，如消毒设施(移动式紫外消毒灯、喷雾器、便携式高压灭菌锅)、消毒剂、除尘设施(吸尘器)、无菌设施(超净工作台/生物安全柜)、动物标记器具(打孔器、吊牌、化学涂染剂、记号笔、生物芯片等)，以及消耗性器材物品(注射器、酒精灯、消毒剂)、废弃物及动物尸体储存器具(冰柜)和辅助电源等。

二、仪器设备与器械物品的管理

对仪器设备和器械物品进行有效管理，是提高仪器设备使用效率，减少器械物品浪费的前提。有效管理应该体现在以下 4 个方面。

(一)仪器设备和器械物品的合理规划

动物实验保障单位首先要明确实验室的主要目的和任务,同时与动物实验科技人员进行广泛交流,根据动物实验仪器设备和器械物品的功能和作用,结合本单位的实际情况,提出符合本单位特点的仪器设备和器械物品购置规划。

(二)仪器设备和器械物品的购置、安装、调试和验收

(1)仪器设备和器械物品的购置以性价比最佳为原则,同时生产商必须有相应的条件资质。

(2)新购置的仪器设备到货后,由实验室专人进行数量和外观验收,同时做好登记记录,妥善保管说明书、维修卡、合格证明等资料,以备在出现问题时能得到及时妥善处理。

(3)仪器设备的安装和调试应该由专门的工程技术人员严格按照说明书进行。

(4)经验收合格后,由验收人员签署验收报告,仪器方可投入使用。

(5)所有仪器设备必须建立各自的管理档案。

(三)仪器设备和器械物品的维护和日常管理

(1)仪器设备必须做到专人管理,定期检查、清洗、维护和保养,一般仪器每月保养一次,大型和精密仪器每半年至一年保养一次;所有器械在使用后要及时清理、清洗,摆放整洁有序;所有消耗性物品应该有详细的使用记录,以便进行实时监控,及时补充。

(2)严格执行仪器设备使用登记制度。仪器设备使用登记本随机放置,及时按登记内容认真记录,发现问题及时报告仪器保管人员进行检修,保持维持仪器设备始终处于良好状态。

(3)严格落实计量仪器的定期校准制度。

(4)建立仪器设备的维修记录档案。包括订货合同;生产厂家及鉴定型号,序列号;实验室收到日期与启用日期,保管人员;随机全部原始资料:合格证、装箱单、使用说明书、资料、图纸等;安装、调试、验收记录;操作规程、保养维修、故障排除、事故处理记录等技术资料。

(5)建立和完善仪器设备和器械物品的定期检查制度。实验室定期(3～6个月)对仪器设备的使用、管理及保养进行检查。对于严格执行操作规程,精心维护保养,在仪器设备管理中表现突出的个人予以表扬或奖励;对由于责任心不强,违反操作规程或管理不善,玩忽职守而使仪器设备发生严重故障、损坏、丢失、提前报废者,按其情节和经济损失情况给予行政或经济处罚。

(6)仪器设备的报废。对于使用期已超过规定年限,并已不能达到应有的技术指标,无使用价值;损坏严重,无法修复,或维修费用昂贵,没有维修价值;仪器设备损坏,且无相应的维修配件的仪器设备;由单位领导审批后,可作报废处理。

(7)仪器设备损坏、丢失的赔偿。对发生仪器设备丢失、损坏事故的,使用单位或个人须填写“仪器设备及器材损坏、丢失报告单”,并接受相应的处理。

(四)仪器设备故障及操作失误的处理

1.仪器设备故障产生原因

(1)环境因素所引起的仪器设备故障:如高温高湿、通风不良、空气中尘埃离子过多等都可能导致某些电器(变压器或电源)过热甚至烧毁,电路板损坏,或者影响光学仪器的性能。

(2)人为引起的仪器设备故障:主要是操作人员对仪器设备的错误操作或对设备程序不熟悉而造成的机械部分或计算机部分出现故障。

(3)仪器设备自身质量缺陷引起的故障:由于元器件质量不好、磨损严重、老化等因素而造成的仪器故障。

2.处理办法

仪器设备种类繁多，各自的工作原理、结构不同。因而出现的故障及原因各式各样，给检修工作带来了很大的困难，尽管如此，仪器设备的检修还是有一定的规律可循：

(1)仪器设备检修的一般步骤：

向操作人员了解仪器的使用情况——→试机观察——→故障分析和判断——→故障排除——→试机检查——→校正检定。

(2)仪器设备故障检修的常见方法：主要包括①直观检查法；②测量分析法；③信号跟踪法；④等级取代法；⑤拔插法；⑥暴露法；⑦烘烤法；⑧冷却法；⑨敲击法；⑩程序检测法；⑪预测试法；⑫对比维修法。

第二节　动物实验场地与饲养条件管理

加强动物实验场地和饲养条件管理，目的和意义有 3 点：一是维护实验动物质量和健康；二是保障实验动物工作人员和研究人员的健康和安全；三是控制环境条件的一致性以及饲养操作的规范化，尽量减小影响科研结果的各种可变因素，保证测试结果的科学性和有效性。

一、动物实验场地与实验动物饲养条件的分类

(一)动物实验环境设施分类

普通环境(conventional environment)：不能完全控制传染因子，适用于普通级实验动物的饲养和教学实验。

屏障环境(barrier environment)：该环境严格控制人员、物品和环境空气的进出，适用于清洁级和 SPF 级实验动物饲养和/或动物实验。

隔离环境(isolation environment)：采用无菌隔离装置以保存无菌或无外来污染动物。隔离装置内的空气、饲料、水、垫料和设备均为无菌，动物和物料的动态传递须经特殊的传递系统，该系统既能保证与环境的绝对隔离，又能满足运转时动物生活的内环境保持一致。该环境设施适用 SPF、悉生、无菌实验动物的饲养与实验。

此外，近年来又相继推出了一些新型的隔离装置。如独立通风笼具(individually ventilated cage，IVC)，可用于饲养清洁、无特定病原体或感染动物(负压内环境)。隔离器(isolator)，主要用于饲养无特定病原体、悉生、无菌或感染动物(负压内环境)。层流柜(laminar flow cabinet)，用于饲养清洁、无特定病原体动物。

(二)屏障设施和隔离设施的结构与组成

当前，我国明确规定，采用清洁级以上的实验动物，而且饲养和实验环境在屏障和/或隔离设施中获得的实验成果才予以承认，普通环境设施只能用于普通级动物实验饲养以及教学实验，不能作为高等级实验动物饲养和科学研究。故此，本章讨论的动物实验场地主要是屏障设施和隔离设施。

动物实验设施(laboratory animal facilities)指以研究、试验、教学、生物制品、药品生产等为目的进行实验动物饲育、试验的建筑物及其设备的总和。就屏障设施和隔离设施建筑单元而言，包括动物饲养区、动物实验区、辅助区。就设施设备而言，包括通风和净化系统(送风系

统、排风系统、气流组织、空气净化系统)、空调系统、给水排水系统、电气和自控系统(配电、照明、自控和监视)、消毒和消防设施(高压灭菌器、灭火器)、动物饲养用的笼具笼架以及第一节介绍的仪器设备和器械物品等。

二、动物实验场地与实验动物饲养条件的管理

(一)动物实验场地的管理

如前所述,动物实验场地按照控制标准分为三级。因此,动物实验场地管理的主要任务是维持环境设施的各项参数符合相应的级别标准。由此可见,维持通风和净化系统、空调系统、消毒灭菌系统等设施设备的正常运转在动物实验场地管理中的重要意义。

1. 管理原则

一是建立健全规章制度,保证设施设备处于受控状态;二是配置合理的技术力量,保障设施设备正常运转;三是严格落实定期监测制度,保证设施环境符合规定的标准。

2. 空气净化系统的维护

系统中有初效、中效和高效三级过滤,过滤材料在工作时会沾染粉尘,逐渐造成堵塞,而影响设施内的空气质量。初效过滤材料一般1～2周更换一次,过滤材料经清洗、干燥,可重复使用;中效滤材1～2个月更换一次,经清洗、干燥也可重复使用;高效材料一般1～3年更换一次,不重复使用。材料更换的次数取决于采风量和周围空气的质量。各单位应根据实际情况决定初效、中效和高效过滤材料使用周期,以保证风速、压力和洁净度达到国家标准的要求。勤换初效和中效材料,可减少对高效材料的更换,因为更换高效过滤材料会在一定时间内造成设施内环境因素的不稳定(各级过滤器的过滤效果见表2-1)。

表 2-1 各级过滤器的效果

级别	颗粒直径/μm	过滤效率/%
初效	>5	5～10
中效	>1	15～50
亚高效	<1	50～90
高效	<1	99.97

3. 空调系统的维护

空调系统主要控制温、湿度两个重要的环境指标,要经常检查制冷剂有否泄漏,自动控温装置是否有效,另外要经常清洗空调的过滤网和热交换部件。

4. 灭菌系统的维护

对于高压灭菌装置,必须维护机械的正常运转和操作安全,在每次灭菌处理时,原则上都应该放置指示卡以检验系统是否正常和消毒效果;饮水净化装置可通过定期检测水样以确定滤菌材料和灭菌材料的更换和处理;紫外灯原则上需要定期(通常3个月)检查紫外线照射强度,以及时更换灯管;消毒剂应视具体实验而确定种类和使用浓度,但必须保证消毒剂是合格和有效的。

5. 环境设施的定期监测制度

对于屏障设施环境和隔离设施环境,通常要求每半年实施一次全面监测,及时发现存在的

问题，及时恢复系统的正常状态。在系统重新启用或修复后，需要增加测试，以确认系统处于正常工作状态(动物实验间的环境技术指标见表2-2)。

表2-2 动物实验间的环境技术指标

项目	指标								
	小鼠、大鼠		豚鼠、地鼠			犬、猴、猫、兔、小型猪			鸡
	屏障环境	隔离环境	普通环境	屏障环境	隔离环境	普通环境	屏障环境	隔离环境	隔离环境
温度/℃	20～26		18～29	20～26		16～26	20～26		16～26
日温差/℃ ≤	4								
相对湿度/%	40～70								
换气次数/(次/h)≥	15[&]	20	8[#]	15[&]	20	8[#]	15[&]	20	—
动物笼具处气流速度/(m/s)≤	0.2								
相通区域的静压差/Pa ≥	10	50[*]	—	10	50[*]	—	10	50[*]	50[*]
空气洁净度/级	7	5或7[§]	—	7	5或7[§]	—	7	5或7[§]	5
沉降菌最大平均浓度/[cfu/(0.5 h·ϕ90 mm)]平皿 ≤	3	0	—	3	0	—	3	0	0
氨浓度/(mg/m^3)≤	14								
噪声/dB(A)≤	60								
照度/lx ≥ 工作照度	200								
照度/lx ≥ 动物照度	15～20					100～200			5～10
昼夜明暗交替时间/h	12/12或10/14								

注1：表中—表示不作要求。

注2：表中氨浓度指标为动态指标。

注3：温度、相对湿度、压差是日常性检测指标；日温差、噪声、气流速度、照度、氨浓度为监督性检测指标；空气洁净度、换气次数、沉降菌最大平均浓度、昼夜明暗交替时间为必要时检测指标。

注4：静态检测除氨浓度外的所有指标，动态检测日常性检测指标和监督性检测指标，设施设备调试和/或更换过滤器后检测必要检测指标。

[*] 指隔离设备内外静压差。

[§] 根据设备的要求选择参数。用于饲养无菌动物和免疫缺陷动物时，洁净度应达到5级。

[#] 可根据动物种类和饲养密度适当增加。

[&] 为降低能耗，非工作时间可降低换气次数，但不应低于10次/h。

(二)实验动物饲养条件的管理

1. 实验动物管理

(1)动物的接收：对每批新到的动物要认真检查并登记，记录内容包括动物接收时间、动物来源、品种品系、数量、性别、体重、健康状况、合格证号使用者姓名及联系方式等。此外，在实验过程中还需将上述重要信息及特殊要求标记在动物笼具上，便于饲养人员及时了解。

(2)适应期：新到的实验动物通常需要一周的适应期，方可进行实验处理。

(3)饲养要求:不同品种的动物要分舍饲养,如果空间条件允许,不同来源的同一品种的动物也应分开饲养。

(4)运动:要给予动物适当的运动环境和条件。

(5)动物的操作:在对动物进行实验操作时,必须了解动物习性,掌握抓取固定方法,操作时要小心仔细、大胆敏捷,禁止粗暴,不能恐吓动物,保障动物福利,同时注意人员安全。

2. 动物饲养管理

(1)动物实验室实行专人值班制度,实时进行监控和记录。

(2)除有特殊要求外,食栏内应经常保持有新鲜饲料和充足的清洁饮水,每日添加至少一次饲料,每周至少更换饮水两次,同时保证饮水嘴无堵漏现象。对于有特殊要求的动物,可额外补充其他营养。

(3)垫料更换依笼内动物种类和数量、空间大小、粪尿量变化、垫料种类、实验要求而制定,通常每周更换 1～2 次。在更换垫料时,应使用消毒镊子移取动物。

(4)饲料、饮水和垫料必须符合相应的国标要求。

(5)在笼具更换或标签受损时,要及时重新标明,严防不同动物混淆、造成实验失误。

(6)实验室应保证一定数量的清洁笼具和饲养辅助设施,以备应急之用。

3. 清洁卫生管理

(1)房间的卫生:保持房间清洁卫生,以冲水方式清除动物排泄物时,每天至少需要清理一次,同时应保持动物干燥。在动物进入之前和实验结束后必须进行消毒处理,如在实验过程中发生疫情,也可临时增加消毒次数。

(2)饲育盒、笼架及相关配件的卫生:根据器具大小、动物多寡、垫料使用及种类、动物级别、笼架类别等综合因素,制定合适的卫生处理频率。通常每周至少要清洗一次。

(3)缓冲间、准备室、走廊等附属设施的卫生:保持清洁卫生,每天用消毒液擦拭、拖地,定期用有效浓度的消毒液喷雾消毒。其频率则依该区域之使用情况及污染源特性而定。

(4)水瓶、吸水管、瓶塞、饲料槽及辅助配件的卫生:清洗时务必要使用清洁剂、热水、或适宜的化学物质,以达到清洁和消毒之目的。

(5)兔、豚鼠及仓鼠等啮齿类动物的笼具的卫生:因这些动物的尿液中含有较高浓度的蛋白质和矿物质,易与有机物结合而牢固黏附吸附,清洗前应先用酸性清洗液处理。

(6)害虫控制:在动物饲养环境中,需要建立一套防治、控制及清除害虫的具体实施计划。在虫害发生和清除时,要注意选择合适的方法,杀虫剂的使用尤其要谨慎。

4. 废弃物管理

(1)实验结束后应及时清理器械、药品和动物尸体;污物、垃圾倒入指定区域,严禁随地丢弃。

(2)死亡动物、动物组织、排泄物、垫料、吃剩的饲料等要收集起来,放入密闭的防漏容器中。

(3)废弃物的处理要求符合无害化原则。

第三节　动物实验的组织实施及管理

动物实验是根据研究目的,选用恰当的标准实验动物品种、品系,通过观察和记录动物的反应过程或反应结果,以探讨或检验生命科学中未知因素的专门活动。它是生命科学研究的重要方法,实验动物被誉为活的“精密仪器”和“人类的替身”。

动物实验的最终目的,就是通过对动物本身生命现象的研究,进而推用到人类,探索人类的生命奥秘,控制人类的疾病和衰老,延长人类的寿命。其应用范围包括:进行基础研究,提高人们对复杂生命系统的认识水平、研究疾病发生的原因;寻找新的疾病诊断方法;寻找新的疾病治疗方法,包括药物和手术;生产对人类和动物有用的生物制品(如疫苗、胰岛素),以预防和治疗疾病;产品安全检测(包括药品、疫苗、家庭用品、化妆品、食品添加剂)等。据统计,生物医学的科研课题有60%以上需要动物实验。动物实验规范化管理的重要性由此可见一斑。

一、动物实验的组织形式

动物实验应该是一个组织严密、指挥通畅、协调有序的“工作链”,包括从实验设计到报告出具等全过程。因此,合理组织和分工是完成动物实验的重要前提。一般而言,动物实验应由以下5类人员组成:

(1)项目负责人:负责整个研究项目设计、组织、协调、实施,以及所有数据的分析、解释和实验报告撰写。项目负责人应该有较深的理论和技术上造诣,通常是本学科的带头人。

(2)专题负责人:负责项目中某一个专题的设计、组织和实施。

(3)技术执行者:直接参加完成动物实验的科技人员。技术执行者必须经过严格的岗前培训,了解动物习性,熟练掌握动物实验技术及操作规程。

(4)兽医护理人员:必须提供充分的兽医护理,包括监视每一只动物以评定其健康和福利状况,同时劝导科研人员,从伦理、人道精神和科学要求方面尽量保证动物福利;此外,对动物饲养、营养状况、卫生措施、人兽共患病的控制以及有害因子污染等控制方面提供合理化建议。

(5)动物饲养人员:负责动物饲养管理。动物饲养人员必须通过岗前培训并取得上岗证,熟悉岗位工作,热爱本职。

二、动物实验的实施

动物实验尽管目的不同,但合理的实施程序对于实验的顺利完成是必不可少的。通常,实施动物实验应该遵循如下程序:

(1)制订动物实验计划。

(2)提出动物实验申请。

(3)阐明实验动物的种类和数量。在动物的选择和使用上,遵循低等动物优先原则,同时尽量减少动物使用数量,或采用其他替代方法。

(4)实验动物的购买。

(5)实验动物编号和标记。

(6)实验动物分组。

(7)按照SOP规程实施动物实验。

(8)实验结束后的动物处理。

(9)工作人员的人身安全防护。

(10)动物实验结果的统计、分析和资料的整理、归档。

三、动物实验的管理

在使用实验动物进行各种实验研究的过程中，为确保实验结果的科学性、严谨性、经济性和伦理性，应从以下 5 个方面做好相关动物实验质量的控制管理工作。

1. 明确动物实验的目的

进行任一项实验，一是要避免实验的盲目性，做到有的放矢，少走弯路；二是要搞清有没有必要进行动物实验。确实须用动物进行实验时，应尽可能地通过优选实验方案(如通过预实验减少实验组数、用高质量的实验动物减少各组的动物只数等)，以减少所用实验动物的数量；通过改良仪器设备、改善实验操作方法和动物饲养管理条件等来优化动物实验，善待动物，减少对动物的侵扰。“3Rs”原则既是保护动物福利不可缺的原则，也是人类文明应当坚持的做法。

2. 选择适宜的实验动物

实验动物品种、品系繁多，不同品种、品系的实验动物又有其各自的生物学特性和解剖生理特点，只有选择适宜的实验动物，才能使动物实验达到经济、科学和高效。

3. 遵从动物实验设计 4 个基本原则

动物实验设计是动物实验过程的依据，是实验数据处理的前提，也是提高实验研究质量的重要保证。在实验之前，对所要研究问题的各方面进行全面了解，掌握该项研究目前在国内外的进展情况，制定出周密的、切实可行的实验方案。一个设计优良的实验方案的意义在于：以较为经济的人力、物力和时间，使诸多实验因素包括在尽可能少的实验中，最大限度地获得丰富而翔实的资料；以科学、规范的数据收集和处理方法，精确地控制和估计误差的大小，从而得出准确而可靠的实验结果及其结论。具体设计时，应有实验动物学和统计学专家的参与，以确保实验设计的科学、节俭和高效。动物实验设计，应严格遵从以下 4 个基本原则：

(1)对照原则：通过设立对照组，使非实验因素在实验组和对照组中处于相同状态。这样不仅能鉴别出实验因素和非实验因素对实验效应的影响，还能排除动物生理和病理的自然变化，从而有效克服各种非实验因素对实验效应的影响。

(2)随机化原则：实验研究不可能将目标对象全部纳入研究中，只能从中抽取一定的样本。在抽样或分组时，为了使总体中任何个体都有同等机会进入样本、样本中任何个体都有同等机会被分配到任何组，只能采取随机抽样法，从而可避免因实验操作者的主观因素或实验动物本身的个体差异所带来的误差，使样本研究的结果及其结论具有总体代表性。

(3)重复原则：由于个体差异、仪器设备及实验操作的不稳定性等因素，同一处理对不同的实验单位所产生的实验效应不尽相同，只有经过必需的重复实验，处理的真实效应才会比较确定地显露出来。重复实验包括：把一样品分成若干份而求其平均值、同样条件下的多次重复实验、部分或全部条件有规律地变动状态下的多次重复实验等形式。

(4)均衡性原则：使非实验因素在实验组和对照组中尽可能达到均衡一致，保证各组间具有很好的可比性。均衡性越好，越能显示实验因素的作用。一般实验都要求各组实验动物的性别、体重、日龄等应一致。

4. 规范动物实验操作，保障动物实验条件

(1)规范动物实验操作：动物实验室的 SOP 包括综合管理和各种实验动物的饲养管理，应覆盖从设施、仪器设备、各种物品的管理到动物实验的登记、采购、验收、饲养管理、清洗消毒、动物尸体和废弃物的处理整个过程。

• 实验前的准备：包括购买和运输动物、编号、称重、分组等前期工作。购买和运输动物时，一定要根据课题类型，确保动物质量和包装运输符合相应等级要求。进行编号、称重和分组时，则应严格遵循实验设计的要求。

• 实验中的处理：包括保定、接受试验或实施其他处置、动物饲养观察等环节。这些环节因实验不同而有很大的差别，但每一项工作有其相应的国家、地方或行业的标准或法规，实际操作时应严格遵照执行。

• 实验后的处理：包括实验动物、废弃物、用具和环境等的处理。对实验后的动物应先进行安乐死术处死，然后将其连同废弃物一起送入焚尸炉烧毁或喷洒消毒剂后深埋，不得随意乱放、丢弃；实验所用的仪器设备、器械等用具，应用高压灭菌或以过氧乙酸等杀菌剂进行擦抹或浸泡消毒；尤其是实验场所，有存在微生物污染的可能时，必须用甲醛（福尔马林）等熏蒸消毒。总之，实验后的处理一定要做到无害化，确保安全。

（2）动物实验条件的保障：为保证动物实验的顺利进行和实验结果的可靠性，还必须做好诸如动物实验设施、仪器设备、用具等实验条件的保障工作。这就要求实验操作人员和实验设施环境条件保障人员相互配合、规范操作、科学管理，尽量避免人为因素造成的误差，确保实验结果的真实、可靠。

5. 动物实验结果的统计、分析和资料的整理、归档

（1）动物实验结束后，研究人员要运用有关统计方法，结合相关因素，对实验结果进行描述和统计处理，对统计结果进行分析和解释，揭示实验数据之间的内在规律，为使其结果运用于社会生产实践或为进一步的科学研究提供依据。

（2）要做好各种资料的整理、归档工作，将实验方案、标本、记录等原始资料和总结报告等有关文字材料、照片、音像资料等按照有关要求进行整理，归档保存。

（3）对于药物临床前安全性评价的动物实验资料，包括：动物实验设施的使用许可证、检测报告，各实验动物及饲料垫料供应商的生产许可证，最近一次的微生物质量检查报告单，饲料营养成分和污染物检测报告单，每批动物的购置发票复印件、动物质量合格证，饮用水水质分析报告，尸体处理协议书等。需要定期归档的原始记录有：动物实验设施巡视日记，空调通风净化系统保养维修记录，屏障系统温湿度监控记录，初效、中效、高效过滤袋（器）更换记录，仪器设备使用、报修、保养维修记录，饲料、垫料进出记录，动物实验登记表，人员进出饲养室记录，动物留验观察记录，饲养室内温湿度、压差记录，消毒剂、清洁剂和杀虫剂使用记录，饲养管理日记等。上述原始资料需要妥善保存，一般要求保存到该药品上市后 5 年以上方可酌情处理。

第三章 消毒与灭菌

第一节 概 述

人类有意识地使用消毒技术始于1847年，首创者是奥地利医生Semmel-weis。他提出医生在检查病人之前，必须用漂白粉溶液消毒双手，他还提出医疗器械必须经消毒后方可使用。1860年前后，英法学者先后将石炭酸（苯酚）等化学消毒剂用于医院消毒，继而研制成功压力蒸汽灭菌器，使医疗器械进入压力蒸汽灭菌时代。1867年，利斯特完成了消毒法的论文，在论文公开发表后的数十年时间，消毒法已在全世界全面应用了。1886年，德国的贝格曼发明了手术机械、绷带等的高温消毒法，1890年，美国的霍斯特德又发明了手术手套。

实验动物及其设施消毒与灭菌的目的，在于既要防止烈性传染病和人兽共患病对动物和从业人员健康的威胁，还要避免潜在感染性疾病对动物质量的影响和对实验研究的干扰，其控制程度远高于其他动物。在控制手段上，尽管也是以“控制传染源、切断传播途径和保护易感动物”为原则，但很少通过接种疫苗或药物治疗，而是通过实施一整套完善的控制措施来实现。为防止动物感染疾病，必须建立一套科学的防止外来微生物污染的措施。首先，实验动物设施应建设在远离污染源和生活区的地方，其周围环境应保持整齐、卫生，无积水、杂草、垃圾堆和蚊蝇滋生地，对周边环境进行定期的灭鼠、驱虫和消毒，以避免野鼠、虫媒、病原微生物等传染源对实验动物的污染；其次，应通过建设屏障设施甚至隔离设施，严格执行一整套完善、科学、可行的规章制度和SOP，从硬件建设和软件管理两方面入手，切断病原体的传播途径，同时保护易感动物。

随着实验动物的发展和实验动物的规范管理，清洁级以上动物实验设施受空气感染的几率很低，即使感染多由于设施维护不当、消毒不彻底造成。因此，对屏障实验动物设施要加强管理，在设施起用前要进行环境检测，尤其是高效过滤器要进行检漏，设施起用一段时间后也应对高效过滤器进行检漏，防止空气感染动物。普通级动物实验设施由于是开放状态，接触到空气微生物较多，因此要加强空气流通和空气消毒，降低动物实验感染。

一、概念

（一）消毒

消毒是指杀灭或清除传播媒介上的病原微生物，使之达到无害化的处理。根据有无已知的传染源可分预防性消毒和疫源性消毒；根据消毒的时间可分为随时消毒和终末消毒。

（二）灭菌

灭菌是指杀灭或清除传播媒介上的所有微生物（包括芽孢），使之达到无菌程度。经过灭菌的物品称“无菌物品”。凡是清洁级以上实验动物所需的物品，必须经过灭菌处理。

消毒与灭菌是两个不同的概念。灭菌可包括消毒,而消毒却不能代替灭菌。消毒多用于卫生防疫方面,灭菌则主要用于医疗与护理。

二、消毒、灭菌的原则

(一)明确消毒的主要对象

应具体分析引起感染的途径、涉及的媒介物及病原微生物的种类,有针对性地使用消毒剂。

(二)采取适当的消毒方法

根据消毒对象选择简便、有效、不损坏物品、来源丰富、价格适中的消毒方法。

(三)控制影响消毒效果的因素

许多因素会影响消毒剂的作用,而且各种消毒剂对这些因素的敏感性差异很大。

1. 微生物的种类

不同类型的病原微生物对消毒剂抵抗力不同,因此,进行消毒时必须区别对待。

(1)细菌繁殖体:易被消毒剂消灭,一般革兰氏阳性细菌对消毒剂较敏感,革兰氏阴性杆菌则常有较强的抵抗力。繁殖体对热敏感,消毒方法以热力消毒为主。

(2)细菌芽孢:芽孢对消毒因子耐力最强,杀灭细菌芽孢最可靠的方法是热力灭菌,电离辐射和环氧乙烷熏蒸法。在化学消毒剂中,戊二醛、过氧乙酸能杀灭芽孢,但可靠性不如热力灭菌法。

(3)病毒:对消毒因子的耐力因种类不同而有很大差异,亲水病毒的耐力较亲脂病毒强。

(4)真菌:对干燥、日光、紫外线以及多数化学药物耐力较强,但不耐热(60℃ 1 h 杀灭)。

2. 微生物的数量

污染的微生物数量越多需要消毒的时间就越长,剂量越大。

3. 有机物的存在

(1)有机物在微生物的表面形成保护层妨碍消毒剂与微生物的接触或延迟消毒剂的作用,以至于微生物逐渐产生对药物的适应性。

(2)有机物和消毒剂作用,形成溶解度比原来更低或杀菌作用比原来更弱的化合物。

(3)一部分消毒剂与有机物发生了作用,则对微生物的作用浓度降低。

(4)有机物可中和一部分消毒剂。消毒剂中重金属类、表面活化剂等受有机物影响较大,对戊二醛影响较小。

4. 温度

随着温度的升高,杀菌作用增强,但温度的变化对各种消毒剂影响不同。如甲醛、戊二醛、环氧乙烷的温度升高 1 倍时,杀菌效果可增加 10 倍。而酚类和酒精受温度影响小。

5. pH 值

pH 值从两方面影响杀菌作用。

(1)对消毒剂的作用是改变其溶解度和分子结构。

(2)pH 过高或过低对微生物的生长均有影响。在酸性条件下,细菌表面负电荷减少,阴离子型消毒剂杀菌效果好。在碱性条件下,细菌表面负电荷增多,有利于阳离子型消毒剂发挥作用。

6. 处理剂量与监测

保证消毒、灭菌处理的剂量，加强效果监测，防止再污染。

第二节　物理消毒与灭菌技术

物理消毒灭菌法是利用物理因子杀灭微生物的方法。包括热力消毒灭菌、辐射消毒、空气净化和微波消毒等。

一、热力灭菌法

热力消毒灭菌法分为干热消毒灭菌法、湿热消毒灭菌法。热力灭菌主要是利用高温使菌体变性或凝固，酶失去活性，而使细菌死亡。但是，更细微的变化已发生于细菌凝固之前。有人认为DNA单螺旋的断裂可能是主要的致死因素。细菌蛋白质、核酸等化学结构是由氢键连接的，而氢键是较弱的化学键，当菌体受热时，氢键遭到破坏，蛋白质、核酸、酶等结构也随之被破坏，失去其生物学活性，与细菌致死有关。此外，高温亦可导致胞膜功能损伤而使小分子物质以及降解的核糖体漏出。干热的致死作用与湿热不尽相同，一般属于蛋白变性、氧化作用受损和电解质水平增高的毒力效应。

热力消毒方法是杀菌最可靠又安全的方法，而且方法简单，价格低廉。使用于一些耐热用具的消毒。高温能使微生物的蛋白质和酶变性或凝固（结构改变导致功能丧失），新陈代谢障碍而死亡，从而达到消毒与灭菌的目的。

（一）干热灭菌法

干热是指相对湿度在20%以下的高热。干热消毒灭菌是由空气导热，传热效果较慢。一般繁殖体在干热80～100℃中经1 h可以被杀死，芽孢需160～170℃经2 h方可杀死。

1. 燃烧法

燃烧法是一种简单、迅速、彻底的灭菌方法，因对物品的破坏性大，故应用范围有限。燃烧法又分为烧灼法和焚烧法。

2. 干烤法

干烤法是利用电热烤箱的热空气消毒灭菌。

干热灭菌法多应用于科研、医疗等方面，在屏障系统内很少使用，故无需详细叙述。当需要灭菌物品量较少，且物品为耐高温的搪瓷、金属、玻璃类时多采用该方法。物品严密包装消毒灭菌后，由干烤箱中取出，放入传递窗内，经紫外线消毒灭菌后进入屏障系统内使用。

（二）湿热灭菌法

湿热消毒灭菌是由空气和水蒸气导热，传热快，穿透力强，湿热灭菌法比干热灭菌法所需温度低、时间短。

1. 煮沸法

将水煮沸至100℃，保持5～10 min可杀灭繁殖体，保持1～3 h可杀灭芽孢。在水中加入碳酸氢钠至1%～2%浓度时，沸点可达105℃，能增强杀菌作用，还可去污防锈。此法适用于不怕潮湿且耐高温的搪瓷、金属、玻璃、橡胶类物品。

煮沸法多用于科研、医疗等方面，在屏障系统内很少使用，故无需详细叙述。

2.高压蒸汽灭菌法

(1)高压蒸汽:相对湿度在80%～100%的高温空气称湿热空气,由于湿热空气中物品容易湿润,导热加快而消毒效果好。若使用高压蒸汽消毒效果更好。高压蒸汽灭菌是一种可靠的灭菌方法。它能杀死一切微生物,它的特点是杀菌可靠、穿透力强、经济、快速、无毒性。高压蒸汽灭菌器分普通高压蒸汽灭菌器和预真空高压蒸汽消毒器,从消毒效果上来说后者灭菌时间短,灭菌可靠性高,损坏灭菌物品程度轻,节省能源、人力和物力,操作简便等优点。但操作程序基本相同。

高压蒸汽灭菌的操作程序主要分4个步骤:空气的排除、物品的灭菌、排除蒸汽、灭菌物品的干燥。

高压锅上一般都有控制一定温度的自动启闭阀,当温度达到/或高于设定值浮动范围内最高温度值时,自动启闭阀会自动关闭,若温度低于设定值浮动范围内最低温度值时又自动开放,这可保证在消毒过程中温度始终在设定温度值浮动范围内。

排除蒸汽是在达到消毒时间后,关闭进气阀,随后以缓慢的速度逐渐打开排气阀,使蒸汽缓缓地放出,锅内压力逐渐下降,最后降到零。若灭菌物体是固体时可采用快速排气;若灭菌物体为液体时应设法使其缓慢排气保持液体瓶内外压力平衡,防止液体猛烈沸腾而外溢。

(2)灭菌物品的干燥:灭菌过程中由于蒸汽的冷凝,使消毒物品受潮,容易引起再污染,因此灭菌物品从高压锅中取出前,应设法使其干燥。若要使灭菌物品在高压锅内干燥,就必须使用有夹层的高压锅,当高压时间到后,将锅内蒸汽排出,但夹层仍保留蒸汽,使锅内保持一定温度,消毒物品在锅内可逐渐干燥。另一种干燥方式是通过一种特殊装置——蒸汽减压阀,利用蒸汽通过蒸汽减压阀使锅内形成负压使消毒物品达到干燥的目的。

(3)高压蒸汽灭菌法的注意事项:第一,无菌包不宜过大,不宜过紧,各包裹间要有间隙,使蒸汽能对流易渗透到包裹中央。消毒前,打开贮槽或盒的通气孔,有利于蒸汽流通。而且排气时使蒸汽能迅速排出,以保持物品干燥。消毒灭菌完毕,关闭贮槽或盒的通气孔,以保持物品的无菌状态。第二,布类物品应放在金属类物品上,否则蒸汽遇冷凝聚成水珠,使包布受潮,阻碍蒸汽进入包裹中央,严重影响灭菌效果。第三,定期检查灭菌效果。经高压蒸汽灭菌的无菌包、无菌容器有效期以1周为宜。

二、紫外线灭菌法

紫外线因其光谱位于紫色可见光之外,故称紫外线。根据紫外线的波长,将其分为3个波段,即A波段(波长为400.0～315.0 nm)、B波段(315.0～280.0 nm)和C波段(280.0～100.0 nm)。紫外灯杀菌力较强的波段为280.0～250.0 nm,紫外线杀菌灯所采用的波长为253.7 nm。紫外线灯管是一种人工制造的低压汞石英灯管,管内注入压强0.4～0.6 kPa的氩气和水银数滴,管子两端用钨丝作成螺旋状电极。通电后,氩气先电离,然后冲击水银电离,发放紫外线。经5～7 min后受紫外线照射的空气,才能使氧气产生臭氧。因此消毒时间应从灯亮5～7 min后计时,紫外线杀菌能力与其波长有密切关系。最佳杀菌波长为253.7 nm(是细菌对紫外线吸收最快的波长),也是紫外灯所采用的波长。

各种微生物对紫外线的耐受力不同,真菌孢子的耐受力最强,一般需要的照射剂量为600 000 $\mu W \cdot s/cm^2$,才能将其杀灭;细菌芽孢次之,照射剂量应达到100 000 $\mu W \cdot s/cm^2$;细菌繁殖体的耐受力最差,一般只需20 000 $\mu W \cdot s/cm^2$ 的照射剂量即可将其杀灭,但也有少数例外。

(一)紫外线杀菌机制

经过大量研究,对紫外线杀菌机制已经有比较清楚的认识。紫外线杀菌机制主要有以下几种观点:

1. 对细菌核酸的破坏

细菌的核酸极易吸收紫外线,核酸 DNA、RNA 受到紫外线照射主要使核酸的碱基受到破坏,如使核酸断裂成二聚体、嘧啶水合物等片断形式从而使核酸失去复制、转录等功能,导致细菌死亡。

2. 对菌体蛋白的破坏

尽管细菌蛋白对紫外线的吸收量较少,但由于蛋白质吸收紫外线的主要部位在氨基酸,使氨基酸的结构受到破坏从而使蛋白质失去生物学活性,进而导致细菌死亡。

3. 对菌体糖的破坏

虽然糖对紫外线的吸收比较少,但有学者发现核酸链中的核糖可吸收紫外线而使其受到破坏,造成核酸链断裂从而导致细胞死亡。

4. 自由基的作用

据研究推测,紫外线作用于化学物质可产生具有氧化性的自由基如"OH^-、O^-"等,可引起氨基酸的光电离,也能导致细胞死亡,但这种推测有待进一步证实。

(二)紫外线杀菌作用特点

(1)菌谱广:紫外线可以杀灭各种微生物,包括细菌繁殖体、细菌芽孢、结核杆菌、真菌、病毒、立克次体等。

(2)不同微生物对紫外线的抵抗力差异较大:可以相差 100～200 倍,抵抗力由强到弱依次为真菌孢子＞细菌芽孢＞抗酸杆菌＞病毒＞细菌繁殖体。

(3)穿透力弱:因紫外线属于低能电磁辐射,穿透力较弱,除石英玻璃可以穿透 80%之外,大多数物质不能透过或只能透过少量紫外线。紫外线这种穿透力弱的特点限制了其应用范围,所以紫外线很难用于整体物品的灭菌,只能用于物体表面的消毒灭菌。

(4)效果与剂量有关:紫外线的杀菌效果直接与照射剂量有关。

(5)不同介质杀灭效果不同:紫外线对不同介质中的微生物杀灭效果不同,对空气中的微生物杀灭效果比较好。研究证明,照射剂量在 3 000 $\mu W \cdot s/cm^2$ 以上,能杀灭空气中的流感病毒、麻疹病毒、金色葡萄球菌、结核杆菌等达 99.9%以上。

(6)杀灭效果受物体表面因素的影响:紫外线对物体表面消毒受很多因素的影响,首先是粗糙的表面不适宜用紫外线消毒;表面染有有机物(如油脂等)等会导致紫外线杀菌效果不理想;形状复杂的表面亦不适宜用紫外线消毒。

(7)某些化学物质可与紫外线起协同杀菌作用:采用化学协同作用可提高紫外线的杀菌作用,发挥紫外线独特的消毒方式。

(三)紫外线消毒的应用范围

紫外线消毒是一种有效、经济实用、使用方便、安全的消毒方法,因此在各行各业中都得到了广泛应用。通过近年来的深入研究,使得紫外线消毒更加科学合理,使用更加方便,效果更加可靠。

1. 对室内空气消毒

紫外线对空气消毒是紫外线消毒最佳用途也是空气消毒最方便的方法。在实验动物设施中，最常用的方法是将紫外灯悬挂在室内天花板上，以垂直向下照射方式进行照射消毒。

2. 对污染物体表面消毒

实验动物设施内，通常设计有传递窗，在窗口的四面墙壁上固定紫外灯，对不耐高温、高压、潮湿的物品器械进行表面消毒，如检测仪器、微量移液器等。传递窗一般设计有连锁开关，以避免由于人为失误或某些以外原因导致的屏障系统开放；通常也设紫外灯消毒定时器，以避免人为的控制时间导致的照射时间不足，从而使消毒灭菌的效果得到保证。

常用的紫外线灯管有 15 W、20 W、30 W、40 W 4 种，可采用悬吊式，移动式灯架照射，或紫外线消毒箱内照射。

三、放射线灭菌法

（一）放射性^{60}Co 产生的射线的杀菌机理

分为直接作用和间接作用。直接作用指射线直接破坏微生物的核糖核酸、蛋白质和酶等与生命有关的物质，使微生物死亡。间接作用指射线在微生物体内先作用于生命重要分子周围物质（主要是水分子）产生自由基，自由基再作用于核酸、蛋白质和酶等使微生物死亡，达到保藏食品和灭菌消毒的目的。

（二）剂量的选择

待消毒灭菌的物品，由于供货厂家不同，带菌数量不同，物品成分质地不同以及消毒灭菌要求的标准不同等，照射剂量应有很大的差别。应选择一个既能达到卫生指标要求，又不影响物品原有理化性能，保证辐照装置经济运行的最适合的剂量。

在辐射灭菌中，并不要求对污染微生物的种类作出微生物学分类鉴定，对于这么多的微生物作出微生物学鉴定的任务是十分艰巨的。而且对于那些抗辐射弱的微生物，在辐照灭菌中并不重要。因此，在考虑污染微生物种类时，只需测定抗辐射菌的 D_{10} 值，亦把它们作为灭菌效果的指示菌。国际上一般用短小芽孢杆菌 E_{601} 作为指示菌。

（三）D_{10} 值的测定

D_{10} 值是指杀灭 90％微生物所需的辐射剂量。D_{10} 值测定最常用的办法是用存活曲线标出 D_{10} 值。

（四）辐射灭菌的特点

辐射处理物品与传统的方法比较，归纳起来它的优点是：能很好消灭微生物，延长饲料的保存时间；射线穿透力强，可透过重重包装，所以可在不打开包装的情况下进行；射线处理无须加热，因此辐射消毒的饲料，在外形和品质上与新鲜饲料几乎没有差别；射线处理不会留下任何残留物，这和化学药剂熏蒸法比较起来有极大的优越性。

四、微波灭菌法

微波是一种波长为 1 mm～1 m（介于红外线和无线电波之间）、频率在 300～3 000 MHz 的电磁波。干燥和消毒采用工作频率为 915 MHz 和 2 450 MHz 两个专用频率。

微波对不同的材料具有不同的反应，对各种金属材料几乎全部反射，不吸收亦不穿透；对玻璃、陶瓷、塑料几乎全部穿透且较少吸收；对生物体、水及含水材料具有良好的吸收性能并可产生热能转化。微波的这些特性在消毒灭菌方面具有重要作用。

(一)消毒机制

微波杀菌作用速度快、杀菌谱广、能耗低,而这种快速又无选择性的杀菌作用正是微波特殊作用机制所致。近年来,微波杀菌机制引起了消毒学家的广泛兴趣,尽管如此,对微波杀菌机制尚无统一认识,有些观点还有待进一步探索。目前,研究评论较多的观点有以下几种:

1. 热效应杀菌作用

物质分子特别是生物分子或水分子受到微波照射时,分子内部会产生激烈运动,使分子两端带不同电荷进而形成偶极子。这种偶极子在交变电场中高速运动引起相互摩擦从而使电磁能转变成热能,使被照射的物体迅速升温,致使生物体死亡。研究发现,微波杀菌作用是伴随温度升高而加强。若在微波场中阻止物体升温(如在菌液中加入冰块或其他冷却剂),则会严重影响微波的杀菌作用。

2. 非热效应杀菌作用

研究发现,微波加热与普通加热在相同温度下相同时间内所获得的杀菌效果不同。试验证明,微波照射 1.5 min,升温至 92℃可以杀灭枯草杆菌芽孢,而普通加热升温至 100℃,作用 15 min 方可达到相同效果。上述结果说明,微波照射与普通加热比较,在相同温度和时间内,前者杀菌力明显强于后者。由此,可以认为,微波杀菌确实存在非热效应。

3. 综合效应杀菌作用

经分析研究结果发现,单纯的热效应或非热效应都不能解释微波的杀菌特性。微波快速广谱的杀菌作用是由复杂的综合因素作用的结果。

认为只存在热效应或非热效应观点的差异主要是各自的实验方法都存在一定的不足。热效应观点主要是基于在试验中阻止负载升温(如加载冰块或其他吸热物质),但这种方法却忽视了这种吸热物质本身也吸收微波,使本应达到杀菌剂量的微波能被消耗,从而影响了杀菌作用。另一个试验是将细菌干燥脱水使其不能产生热效应。但干燥的物质不吸收或很少吸收微波能,这样,什么效应都不复存在。所以,上述试验结果否认非热效应存在根据不充分。

非热效应观点所依赖的试验是将微波加热与普通加热进行比较,得出结论是微波杀菌为非热效应作用结果。这种效应忽视了微波热效应是分子内部摩擦产热这一事实。微波那种不可思议的快速穿透能力和微波直接作用到分子内部水分子使其以超高速振动摩擦高效率产热,无需传导,这种热效应是普通加热无法比拟的。普通加热靠传导辐射使物体由外向内逐步加热缓慢升温,如此延长了作用时间。所以,以此否认热效应的存在论据亦不充分。

(二)影响微波消毒效果的因素

微波的快速杀菌作用是综合因素作用的结果,由于微波本身固有特性,其杀菌作用可变因素很多,认识和控制影响微波杀菌的因素是确保杀菌效果的关键。根据微波杀菌多因素研究结果证明,影响微波杀菌的主要因素有:微波输出功率、照射时间、场强均匀性、负载量、灭菌包装材料、含水量、物体大小和协同剂等。

(1)输出功率和照射时间的影响:在其他条件固定不便的情况下,微波杀菌作用随微波功率加大或照射时间延长而显著增强,特别是在低功率区更为明显。输出功率由 90 W 增加到 320 W,其杀菌速度可提高 20 倍。微波输出功率和照射时间直接反映了微波杀菌的剂量强度并且二者之间存在着确定的交互作用关系。输出功率不变而延长照射时间或照射时间不变增加输出功率都可以提高杀菌速度、增强杀菌效果。

(2)负载量的影响:负载量是指置于微波场中的有损介质,通常指消毒物品。负载量的变化可影响杀菌效果这在多因素研究中已得到证实。以水负载实验为例,其他条件不便,微波灭菌器内随水量增加微波杀菌速度明显减慢,水重由 200 g 增加到 1 kg,杀菌速度降低一半以上。

(3)包装方法对杀菌效果的影响:微波杀菌方法对包装材料的依赖型是任何方法所不具有的特性之一。灭菌物品的包装材料不仅需要能无阻留地透过微波和防止微生物的透入而且需要防止热量扩散。研究证明,棉布包表层污染的细菌要比包中心部位污染的细菌难以杀灭,杀菌速度相差 4 倍。若用不透气的塑料膜把棉布包再进行密封包装,可完全消除内层和表层的差别达到内外灭菌效果一致。这种现象可能是因为密封隔热包装可防止热扩散,充分发挥热效应作用,明显改善包内外灭菌的均匀性。

(4)灭菌材料含水量的影响:水是微波最好的吸收材料,吸收微波是微波杀菌的必要条件,所以灭菌物品含水量对灭菌效果影响明显。含水量影响具有三层意义:

①不含水分的材料难以用微波灭菌,这已被大量研究所证实。将细菌芽孢经过脱水处理,微波照射很难将其杀灭。处于干燥状态的大肠杆菌比液体中的细菌芽孢对微波的抵抗力还强。

②含水量可能因微波输出功率大小和照射时间长短而最佳范围不同。微波快速灭菌器在 650 W 功率下照射时间在 10 min 之内,以 200 g 稀释载体其含水量可在 30%~50%范围。

③含水量过高使灭菌效果下降。在其他条件不变的情况下,含水量过大亦即负载量过大,使能量分布密度降低,从而使微波杀菌效果降低。

(5)场强均匀性的影响:微波灭菌器谐振腔内由于设计制造上的原因,存在能量死角。在灭菌时表现出加热不均匀,存在所谓的“冷点”,在“冷点”微生物可能存活,灭菌效果可重复性不好。现大部分微波灭菌器在设计上采用特殊混合装置,极大地改善了场强的均匀性,消灭了微生物场强中的“冷点”,使该灭菌器具有良好的灭菌效果和可重复性。

(6)协同剂的影响:微波作为一种物理因子,它可与多种化合物起到协同杀菌作用。可根据微波灭菌要求,借助于协同剂来改善微波灭菌效果。大量研究证明,使用协同作用方式可以降低灭菌温度、缩短杀菌时间、减少物品损坏,以弥补灭菌技术上的不足。

另外,研究结果还证明,不同种类微生物对微波的抵抗力变化规律与普通加热灭菌的变化规律相似。细菌芽孢对微波的抵抗力最强,真菌、结核杆菌与其他细菌繁殖体接近。有机物对微波杀菌在一定范围内基本无影响。微波对在同一包装内不同性质表面上微生物杀灭效果相同。

(三)微波灭菌器的应用范围

(1)应急器械的快速灭菌:根据微波的特性,微波对金属器材的消毒只能借助于吸收微波的材料包裹进行灭菌处理。由于微波作用速度快,特别适用于应急性器材的灭菌。平时手术过程中,经常会有器械短缺或损坏而急等使用,灭菌越快越好,微波是最快速的灭菌方法之一。少量急用器材可在 5 min 内达到灭菌要求,并可在手术台边进行灭菌。

(2)畏热器材的灭菌:不耐高温的器材灭菌一直是消毒灭菌中的一个难题。现有的冷灭菌方法都有一定的缺陷,如环氧乙烷灭菌不仅时间长而且有危险性;戊二醛灭菌作用时间长而且有毒性、不能干燥;等离子灭菌技术尚处于推广之中。微波灭菌方法可以达到快速灭菌,并具有必要时可以干燥,无毒性物质残留,使用方便等特点。

(3)外科器材的消毒与灭菌:外科器材特点是多、杂、形状特殊、周转快,需要快速灭菌,最好是随时灭菌随时使用。微波灭菌适合于外科小型复杂器械的消毒或灭菌。

(4)眼科器材的消毒:眼科器械小而精、要求高,消毒后不能残留任何有毒有刺激性物质。目前很多眼科器械都无法消毒,但眼科器械传播感染不容忽视。微波消毒方法适合于很多眼科小器械的消毒或灭菌。

(5)检验标本消毒处理:含有病原微生物的病理组织经过微波照射数十秒至数分钟,不仅可以杀灭其中的微生物,而且不影响组织形态学和微生物形态学。国外报道,将结核杆菌感染的肝脏组织经过微波照射 20～60 s,不仅杀灭了其中的结核杆菌还对组织块起到了良好的固定作用,其中的结核杆菌形态学和肝脏组织形态学都不受影响。微波对于其他检验材料亦有良好的灭菌效果。

微波是一种高频电磁波,其杀菌的作用原理,一为热效应,所及之处产生分子内部剧烈运动,使物体里外湿度迅速升高;一为综合效应,诸如化学效应、电磁共振效应和场致力效应。目前已广泛应用于食品、药品的消毒,用微波灭菌手术器械包、微生物实验室用品等亦有报告。若物品先经 1%过氧乙酸或 0.5%新洁尔灭湿化处理后,可起协同杀菌作用,照射 2 min,可使杀芽孢率由 98.81%增加到 99.98%～99.99%。

微波对人体有一定危害性,其热效应可损伤睾丸、眼睛晶状体等,长时间照射还可致神经功能紊乱。使用时可设置不透微波的金属屏障或戴特制防护眼镜等。

第三节　化学消毒与灭菌技术

根据化学消毒剂对微生物的杀灭种类和效果,可分为高效消毒剂、中效消毒剂和低效消毒剂。高效消毒剂可杀灭亲脂病毒(有脂质胞膜病毒)、细菌繁殖体、真菌孢子、亲水病毒、分枝杆菌和细菌芽孢,常用的有戊二醛、过氧化氢、过氧乙酸、二氧化氯、环氧乙烷、含氯类(如次氯酸钠、次氯酸钙、二氯异氰尿酸钠、三氯异氰尿酸等)、含溴类(如二溴海因)消毒剂等。中效消毒剂可杀灭除细菌芽孢以外的上述微生物,常用的有醇类(如乙醇、异丙醇),含碘类(如碘伏、碘酒),酚类(如来苏儿)消毒剂。而低效消毒剂只能杀灭亲脂病毒、细菌繁殖体和部分真菌,常用的有新洁尔灭、洁尔灭、洗必泰等。

根据化学消毒剂的成分和性质可将化学消毒剂分为醇类、碘及含碘类、醛类、酚类、过氧化物类、季铵盐类、含氯类、烷基类等。

一、醇类消毒剂

醇类消毒剂具有悠久的历史,在消毒中具有重要地位。醇类消毒剂杀菌效果属于中等水平,主要用于皮肤消毒。常用的品种主要有乙醇、正丙醇和异丙醇,它们的作用快速、无色、价格低廉,目前仍得到广泛的使用。其杀菌作用机制有三:①使蛋白质变性;②干扰微生物的新陈代谢,抑制细菌快速繁殖;③溶菌作用。醇类消毒剂的优点是:①作用较快;②性质稳定;③无腐蚀性;④基本无毒;⑤可与其他药物配成酊剂,起增效作用。缺点是:①不能杀灭细菌芽孢;②受蛋白质影响较大;③有效浓度较高。

(一)乙醇

乙醇是一种广泛用于临床的消毒剂。乙醇杀菌效果好,作用快速,除对一些涂面有溶解作用之外对其他物品基本无损坏。70%~80%乙醇的杀菌能力较强,高浓度乙醇杀菌能力反而降低,因为95%~100%的乙醇具有很强的脱水作用,当遇到微生物细胞时,细胞表面很快脱水形成一层保护膜,乙醇分子再不易渗透保护膜起到杀菌作用。

1.杀灭效果

(1)对微生物的杀灭作用:乙醇属于中等效果的消毒剂,可快速、有效地杀灭多种微生物但不能杀灭细菌芽孢。

(2)对细菌繁殖体的杀灭:使用75%~85%的乙醇水溶液浸泡或擦拭均可杀灭各种细菌繁殖体。

(3)对真菌和结核杆菌的杀灭:70%乙醇可在1 min内杀灭痰中结核杆菌,但杀灭干燥的痰和血液中结核杆菌比较困难。常规使用浓度下用乙醇棉球擦拭可有效杀灭口腔内白色念珠菌。

(4)对病毒的灭活作用:多数研究表明,乙醇对许多病毒有比较强的灭活作用。对亲脂性病毒灭活效果更好,对单纯疱疹病毒、流感病毒和牛痘病毒最低有效浓度为30%;对Polio病毒和柯萨奇病毒最低有效浓度为70%。

2.适用范围

适用于皮肤、环境表面及医疗器械的消毒等。

3.使用方法

常用消毒方法有浸泡法和擦拭法。

(1)浸泡法:将待消毒的物品放入装有乙醇溶液的容器中,加盖。对细菌繁殖体污染医疗器械等物品的消毒,用75% 的乙醇溶液浸泡10 min以上;亦可用75% 的乙醇溶液浸泡5 min。

(2)擦拭法。对皮肤的消毒可用75%乙醇棉球擦拭。

4.注意事项

乙醇易燃,忌明火;必须使用医用乙醇,严禁使用工业乙醇消毒和作为原材料配制消毒剂。

(二)异丙醇

无色透明液体,带有比较浓的乙醇气味,易溶于水。异丙醇易挥发并有易燃性,沸点82.5℃,燃点11.7℃。在国内使用不多见,但在西方国家特别是在欧洲使用比较广泛。

1.适用范围

适用于皮肤、环境表面及医疗器械的消毒等。

2.使用方法

常用消毒方法有浸泡法和擦拭法。

(1)浸泡法:将待消毒的物品放入装有异丙醇溶液的容器中,加盖。对细菌繁殖体污染医疗器械等物品的消毒,用70% 的异丙醇溶液浸泡10 min以上。

(2)擦拭法:对手和皮肤的消毒,用70%异丙醇擦拭,作用1~3 min。

3.注意事项

异丙醇易燃,忌明火。

二、碘及含碘类消毒剂

含碘消毒剂是一类用途广泛的广谱消毒剂，可以有效杀灭各种微生物。碘是最古老的化学消毒剂之一，先后出现多种以碘为杀菌成分的消毒剂，如碘的水溶液、碘的醇溶液（碘酊亦称碘酒）和碘伏等。碘伏是近代出现的含碘消毒剂，目前已在世界各国医学领域获得广泛应用。含碘消毒剂是以游离碘即有效碘为杀菌形式，所以，含碘消毒剂的有效成分含量是以实际测出的有效碘含量为标准。其杀菌机制是：碘对微生物的杀灭主要靠碘对蛋白质的沉淀作用和卤化作用。元素碘活泼、渗透性强，作用于菌体可直接使菌体蛋白发生改变，从而使其失去生物学活性。

（一）碘伏

碘伏是碘与表面活性剂的不定型结合物。表面活性剂起载体与助溶剂的作用，碘在溶液中可逐渐释放以保持较长时间的杀菌作用。碘伏的优点是：①具有广谱杀菌作用，能杀灭细菌芽孢；②气味小，对黏膜无刺激，毒性低；③储存稳定，只要颜色未退即仍有效；④无腐蚀性（对银与二价合金除外），物品染上其颜色后很容易洗去；⑤兼有清洁剂作用。缺点是：①用离子表面活性剂配制的，可受溶液中拮抗物质的影响；②大部分碘成为无用的复杂化合物，成本较高。

1.适用范围

适用于手、皮肤、黏膜等的消毒。

2.使用方法

（1）消毒液配制：根据有效碘含量用灭菌蒸馏水将碘伏稀释成所需浓度。

（2）消毒处理方法：常用消毒方法有浸泡、擦拭、冲洗等方法。

①浸泡法。对皮肤的浸泡消毒，卫生洗手消毒用含有效碘 500 mg/L 的消毒液浸泡 2 min。

②擦拭法。对皮肤、黏膜用擦拭法消毒。消毒时，用浸有碘伏消毒液的无菌棉球或其他替代物品擦拭被消毒部位。对外科洗手用含有效碘 2 500～5 000 mg/L 的消毒液擦拭作用 3 min。对于手术部位及注射部位的皮肤消毒，用含有效碘 2 500～5 000 mg/L 的消毒液局部擦拭 2 遍，作用共 2 min；对口腔黏膜及创口黏膜创面消毒，用含有效碘 500～1 000 mg/L 的消毒液擦拭，作用 3～5 min。注射部位消毒也可用市售碘伏棉签（含有效碘 2 000 mg/L）擦拭，作用 2～3 min。

③冲洗法。对阴道黏膜及伤口黏膜创面的消毒，用含有效碘 250 mg/L 的消毒液冲洗 3～5 min。

3.注意事项

（1）碘伏应于阴凉处避光、防潮、密封保存。

（2）碘伏对二价金属制品有腐蚀性，不应做相应金属制品的消毒。

（3）消毒时，若存在有机物，应提高药物浓度或延长消毒时间。

（4）避免与拮抗药物同用。

（二）碘仿

碘仿为黄色粉末或晶体，有特殊气味。微溶于水，可溶于醇，高温下可放出碘，在试管内无杀菌作用。将之敷于伤口、黏膜，接触到分泌物，可缓慢释放出碘。曾为抗菌剂，现极少使用。

(三)三氯化碘

1%水溶液在数分钟内可杀灭细菌芽孢。外科缝线浸于其中,作用30 min可达灭菌。

三、醛类消毒剂

醛类消毒剂是使用最早的化学消毒剂。目前,在消毒应用中使用最多的是甲醛和戊二醛。醛类消毒剂的杀菌机制主要是:①凝固蛋白质;②还原氨基酸;③使蛋白质分子烷基化。

这一类消毒剂的优点是:①杀菌谱广,可用为灭菌剂;②性稳定,耐储存;③受有机物影响小。缺点是:①有一定的毒性与刺激性;②有特殊臭味;③受温度影响大。

(一)甲醛

甲醛为无色、可燃的气体,有辛辣窒息臭。相对密度为1.067。易溶于水、醇,着火温度约300℃。性活泼,易于聚合。因甲醛在常态下为气体,故平时多用其水溶液(福尔马林)与固体聚合物。

1.适用范围

适用于房间、密闭空间、精密仪器等消毒与灭菌。

2.使用方法

适用于熏蒸处理,熏蒸时,应将房间密闭,相对湿度维持在70%～90%,温度在18℃以上,被消毒物品之间应留有充分的空间。

加热熏蒸法:甲醛(福尔马林)25 mL/m^3加热熏蒸12 h。

化学熏蒸法:甲醛(福尔马林)40 mL/m^3与高锰酸钾30 g/m^3 混合,熏蒸12 h。

消毒后应通风,使甲醛气体散尽。

3.注意事项

(1)甲醛对人有毒性和刺激性,应做好对操作人员的防护。

(2)熏蒸时应严格控制温度和相对湿度,亦保证消毒效果。

(二)戊二醛

戊二醛呈无色或淡黄色液体,挥发性低,有醛的气味。戊二醛具有广谱、高效杀菌作用,对金属腐蚀性小,受有机物影响小等特点。经典的戊二醛常用灭菌浓度为2%,国外还有用浓度为2.5%和3.4%的。

1.适用范围

适用于不耐热的医疗器械和精密仪器等消毒与灭菌。

2.使用方法

(1)灭菌处理:常用浸泡法。将清洗、晾干待灭菌处理的医疗器械及物品浸没于装有戊二醛的容器中,加盖,浸泡10 h后,无菌操作取出,用无菌水冲洗干净,并无菌擦干后使用。

(2)消毒:用浸泡法,将清洗、晾干的待消毒处理医疗器械及物品浸没于装有戊二醛的容器中,加盖,一般作用20～45 min,取出后用灭菌水冲洗干净并擦干。

(3)2%的戊二醛一般可连续使用7～14 d,3.4%的戊二醛可连续使用28 d。

3.注意事项

(1)戊二醛对手术刀片等碳钢制品有腐蚀性,使用前应先加入0.5% 亚硝酸钠防锈。

(2)戊二醛对皮肤黏膜有刺激性,接触戊二醛溶液时应戴橡胶手套,防止溅入眼内或吸入体内。

(3)盛装戊二醛消毒液的容器应加盖,放于通风良好处。

四、酚类消毒剂

酚类消毒剂是消毒剂中种类较多的一类化合物。其杀菌作用机制有:①高浓度下可裂解并穿透细胞壁,使菌体蛋白凝集沉淀;②低浓度下,或较高分子的酚类衍生物可使氧化酶、脱氢酶、催化酶等细胞的主要酶系统失去活性;③减低溶液表面张力,增加细胞壁的渗透性,使菌体内容物逸出;④溶于细胞类脂体中,与蛋白的氨基起反应;⑤衍生物中的某些烃基与卤素,有助于降低表面张力,卤素还可促进衍生物电离以增加溶液的酸性。

酚类消毒剂的优点是:①性质稳定;②生产简易;③对大多数物品腐蚀性轻微;④使用浓度对人基本无害。缺点是:①有特殊气味,部分人员不能接受;②杀菌力有限,不能作为灭菌剂;③对皮肤有一定刺激性;④长期浸泡可使纺织品染色,并可损坏橡胶物品。

苯酚

苯酚性质稳定,可溶于水和乙醇。10%水溶液呈弱酸性,属中效消毒剂,可杀灭细菌繁殖体、分枝杆菌、病毒和真菌孢子。

1.适用范围

适用于环境物体表面的消毒。

2.使用方法

(1)浸泡法:可用3%～5%的苯酚水溶液,浸泡物体表面30 min以上。

(2)擦拭法:可用3%～5%的苯酚水溶液,擦拭物体表面。

3.注意事项

(1)苯酚毒性大,气味易滞留,勿用于动物饲料或动物食具的消毒。

(2)苯酚刺激性强,应慎用于皮肤的消毒,勿用于黏膜的消毒。

五、过氧化物类消毒剂

过氧化物类消毒剂多依靠其强大的氧化能力杀灭微生物。如过氧化氢可在水中形成氧化能力很强的自由羟基破坏蛋白质的基础分子结构;臭氧很容易释放出新生氧,不仅对溶液中的有机物有强氧化作用,对微生物亦不例外。过氧乙酸既具有酸的特性,亦具有氧化剂的特点,但其杀菌作用远较一般的酸或过氧化物为强。

过氧化物类消毒剂的优点是:①可分解成为无毒成分无残留毒性;②为透明无色液体,无染色之弊端;③杀菌能力较强,多可作为灭菌剂;④易溶于水,使用方便。缺点是:①易分解,不稳定;②对物品有漂白与腐蚀作用;③药物未分解前对人有一定刺激性或毒性。

常用的过氧化物类消毒剂有过氧乙酸、过氧化氢、臭氧、二氧化氯等。

(一)过氧乙酸

过氧乙酸又叫过醋酸,分子式$C_2H_4O_3$,相对分子质量为76.05,为无色透明弱酸性液体,易挥发、有很强的挥发性气味,腐蚀性强,有漂白作用。性质不稳定。可杀灭细菌繁殖体、真菌、病毒、分枝杆菌和细菌芽孢。具有广谱、高效、低毒,对金属及织物有腐蚀性,受有机物影响大,稳定性差等特点。其浓度为16%～20%。

1.适用范围

适用于耐腐蚀物品灭菌、环境及空气等的消毒。

2. 使用方法

(1)消毒液配制:过氧乙酸一般为二元包装,A液为冰醋酸液和硫酸的混合液,B液为过氧化氢,使用前按产品使用说明书要求将A、B两液混合后产生过氧乙酸,在室温放置24～48 h后即可使用。

(2)消毒处理:常用消毒方法有熏蒸、喷雾、浸泡、擦拭、喷洒等。

①喷雾法。用气溶胶喷雾器以浓度为0.1%～0.5%的过氧乙酸,以20 mL/m^3的用量对室内空气和物体表面进行喷雾消毒,作用1 h。

②浸泡法。将清洗、晾干的待消毒物品浸没于装有0.2%～0.53%过氧乙酸的容器中,加盖,浸泡30 min。

③擦拭法。对大件物品或其他不能用浸泡法消毒的物品用0.2%～0.5%过氧乙酸擦拭,作用30 min。

④喷洒法。对一般污染表面的消毒用0.2%～0.4%(2 000～4 000 mg/L)过氧乙酸喷洒,作用30～60 min。

3. 注意事项

(1)过氧乙酸不稳定,应贮存于通风阴凉处,用前应测定有效含量,原液浓度低于12%时禁止使用。

(2)稀释液临用前配制。

(3)配制溶液时,忌与碱或有机物相混合。

(4)过氧乙酸对金属有腐蚀性,对织物有漂白作用。金属制品与织物经浸泡消毒后,立即用清水冲洗干净。

(5)使用浓溶液时,谨防溅入眼内或皮肤黏膜上,一旦溅上,立即用清水冲洗。

(6)消毒被血液、脓液等污染的物品时,需适当延长作用时间。

(二)过氧化氢

过氧化氢又叫双氧水,是一种强氧化剂。分子式H_2O_2,相对分子质量为34.015,纯品稳定性好,稀释液不稳定。过氧化氢属高效消毒剂,具有广谱、高效、速效、无毒,对金属及织物有腐蚀性。杀菌作用受有机物影响很大。过氧化氢容易被热、过氧化氢酶等破坏,最终产物是氧和水。

1. 适用范围

适用于不耐热的塑料制品、饮水和空气等消毒。

2. 使用方法

(1)消毒液配制:根据有效含量按稀释规则用去离子水将过氧化氢稀释成所需浓度。

(2)消毒处理:常用消毒方法有喷雾、浸泡、擦拭等。

①喷雾法。用气溶胶喷雾器以浓度1.5%～3.0%用量20 mL/m^3对室内空气和物体表面进行喷雾消毒,作用1 h。

②浸泡法。将清洗、晾干的待消毒物品浸没于装有3%过氧化氢的容器中,加盖,浸泡30 min。

③擦拭法。对大件物品或其他不能用浸泡法消毒的物品用擦拭法消毒。所有药物浓度和作用时间参见浸泡法。

3. 注意事项

(1)过氧化氢应贮存于通风阴凉处，用前应测定有效含量。

(2)稀释液不稳定，临用前配制。

(3)配制溶液时，忌与还原剂、碱、碘化物、高锰酸钾等强氧化剂相混合。

(4)过氧化氢对金属有腐蚀性，对织物有漂白作用。

(5)使用浓溶液时，谨防溅入眼内或皮肤黏膜上，一旦溅上，立即用清水冲洗。

(6)消毒被血液、脓液等污染的物品时，需适当延长作用时间。

(三)臭氧

臭氧是一种强氧化剂，在常温下为爆炸性气体。其相对密度为1.68。在水中的溶解度较低，约为3%。臭氧具有杀菌迅速，可杀灭细菌繁殖体、病毒、真菌等，并可破坏肉毒杆菌毒素，具有消毒后无残留等优点。臭氧稳定性极差，在常温下可自行分解为氧，所以，臭氧不能瓶装贮备，只能现场生产，立即使用。

1. 适用范围

适于用于饮用水等的消毒，也可用于各种物品表面消毒和空气消毒。

2. 使用方法

(1)水消毒时一般加臭氧量0.5～1.5 mg/L，水中臭氧浓度在0.1～0.5 mg/L，维持5～10 min。对于质量较差的水，加臭氧量可提高到3～6 mg/L。

(2)空气消毒时一般可采用30 mg/m^{3}的臭氧，作用15～30 min。

3. 注意事项

(1)多种因素可影响臭氧的杀菌作用，包括温度、相对湿度、有机物、pH、水的浑浊度、水的色度等。

(2)浓臭氧对人有毒，大气中允许浓度为0.2 mg/m^3，工作场所允许浓度1.0 mg/m^3。

(3)臭氧为强氧化剂，对多种物品有损坏，浓度越高对物品损害越重，可使铜出现绿色锈斑，橡胶老化、变色、弹性降低以致变脆、断裂，使织物漂白褪色等。使用时应注意。

片(4)臭氧对物品表面上污染的微生物有杀灭作用，但作用缓慢。

(四)二氧化氯

二氧化氯在常温下为黄绿色气体，溶于水后可制成无色、无味、透明的液体。对金属有腐蚀性，对织物有漂白作用，消毒效果受有机物影响很大的特点，二氧化氯活化液和稀释液不稳定。

1. 适用范围

适用于医疗卫生、饮水及环境表面等消毒。

2. 使用方法

(1)消毒液配制：二氧化氯消毒剂一般为二元包装，A液主要是亚氯酸钠，B液为活化剂，成分一般为柠檬酸，使用前将A液和B液混合生成二氧化氯溶液，稀释至所需要的浓度使用。

(2)消毒处理：常用消毒方法有浸泡、擦拭、喷洒等方法。

①浸泡法。将清洗、晾干的待消毒或灭菌物品浸没于装有二氧化氯溶液的容器中，加盖。对细菌繁殖体污染物品的消毒，用100～250 mg/L的二氧化氯溶液浸泡30 min；对肝炎病毒和结核分枝杆菌污染物品的消毒，用500 mg/L的二氧化氯浸泡30 min；对细菌芽孢污染物品的消毒，用1 000 mg/L的二氧化氯浸泡30 min。

②擦拭法。对大件物品或其他不能用浸泡法消毒的物品用擦拭法消毒。消毒所用浓度和作用时间与浸泡法相同。

③喷洒法。对一般污染的表面,用 500 mg/L 二氧化氯均匀喷洒,作用 30 min;对肝炎病毒和结核杆菌污染的表面,用 1 000 mg/L 二氧化氯均匀喷洒,作用 60 min。

3. 注意事项

(1)A 和 B 液混合后产生的二氧化氯溶液不稳定,应现配现用。

(2)配制溶液时,忌与碱或有机物相混合。

(3)二氧化氯对金属有腐蚀性,金属制品经二氧化氯消毒后,应迅速用清水冲洗干净并沥干。

六、季铵盐类消毒剂

季铵盐类消毒剂在低浓度下有抑菌作用,较高浓度下可杀灭大多数种类的细菌繁殖体与部分病毒。其杀菌作用机制主要有:①可改变细胞的渗透性,使菌体破裂;②具有良好的表面活性作用,可高浓度聚集于菌体表面,影响细菌的新陈代谢;③使蛋白质变性;④灭活细菌体内的脱氢酶、氧化酶以及产生能量的分解葡萄糖、琥珀酸盐与丙酮酸盐等的酶系统。

季铵盐类消毒剂的优点是:①杀菌能力较强;②毒性与刺激性较低;③溶液无色,不会污染物品,亦无腐蚀、漂白作用;④气味较小;⑤水溶性好,表面活性强,使用方便;⑥性质稳定,耐光、耐热、耐储存。缺点是:①对部分微生物效果不好,特别是细菌芽孢;②价格较贵;③配伍禁忌较多;④效果受有机物影响较大。

以苯扎溴铵和苯扎氯胺为例:

苯扎溴铵和苯扎氯胺具有芳香味,呈淡黄色胶状,易溶于水,具有表面活性作用,振摇可产生大量泡沫。对化脓性病原菌有良好杀灭作用,对革兰阳性菌的杀灭作用要大于阴性细菌。

1. 使用范围

适用于手、皮肤黏膜的消毒和物体表面的消毒。

2. 使用方法

手术部位皮肤消毒,用 500~1 000 mg/L,擦拭或浸泡消毒,作用 3~5 min。黏膜消毒,用 500 mg/L,擦拭或浸泡消毒,作用 3~5 min。环境表面消毒,用 1 000~2 000 mg/L,擦拭、喷洒或浸泡消毒,作用 30 min。

3. 注意事项

(1)苯扎溴铵与苯扎氯胺极易被多种物体吸附,因此浸泡液的浓度可随消毒物品数量增多而逐渐降低,应该及时更换消毒液。

(2)不得与肥皂或其他阴离子洗涤剂合用。

(3)不宜消毒粪、尿、痰等。

七、含氯类消毒剂

消毒剂溶于水中可产生次氯酸者,称为含氯消毒剂。含氯消毒剂的杀菌机制有三:

①次氯酸作用,即消毒剂所含的氯在水中形成次氯酸,作用于菌体蛋白质:

$$Cl_2 + H_2O = HCl + HOCl$$

②新生氧作用，即由次氯酸分解形成新生态氧，将菌体蛋白氧化：

$$HClO \rightarrow HCl + [O]$$

③氯化作用，即由消毒剂中含有的氯直接作用于菌体蛋白质：

$$R—NH—R + Cl_2 \rightarrow R—NCl—R + HCl$$

本类消毒剂的优点是：①可杀灭所有类型的微生物；②使用方便；③价格低廉。缺点是：①易受有机物与酸碱度的影响；②对物品有漂白与腐蚀作用；③有的种类不稳定，有效氯易丧失。

含氯消毒剂是指溶于水后能产生次氯酸的消毒剂。其品种较多，可分为有机化合物类和无机化合物类，最常用的有次氯酸钠、次氯酸钙、漂白粉、二氯异氰尿酸钠、三氯异氰尿酸等。

1. 次氯酸钠

纯品次氯酸钠为白色粉末，容易吸潮变成灰绿色结晶，在空气中不稳定，有明显的氯味。工业次氯酸钠的水溶液为浅黄色半透明液体，有氯气味，有效氯含量大于10%。

2. 次氯酸钙（漂粉精）

白色粉末，比漂白粉易溶于水且稳定，含杂质少，受潮易分解。有效氯含量为80%～85%。

3. 漂白粉

主要成分是次氯酸钙，还有氢氧化钙、氯化钙、氧化钙。有效氯含量大于25%(g/g)。漂白粉为白色颗粒状粉末，有氯臭，溶于水，在光照、热、潮湿环境中极易分解。

4. 二氯异氰尿酸钠（优氯净）

有效氯含量大于60%白色晶粉，性质稳定，即使贮存于高温高湿条件下，有效氯也丧失极少。溶解度为25%，水溶液的稳定性较差。

5. 三氯异氰尿酸

白色结晶，有较强的氯味，有效氯含量大于89.7%，25℃时溶解度为1.2%。

(一)适用范围

适用于物体表面、环境、水、疫源地等消毒。

(二)使用方法

(1)消毒液配制：根据不同含氯消毒剂产品的有效氯含量，用自来水将其配制成所需浓度溶液。

(2)消毒处理方法：常用的消毒方法有浸泡、擦拭、喷洒与干粉消毒等方法。

①浸泡法。将待消毒的物品放入装有含氯消毒剂溶液的容器中，加盖。对细菌繁殖体污染的物品的消毒，用含有效氯500 mg/L的消毒液浸泡10 min以上；用含有效氯2 000～5 000 mg/L消毒液浸泡30 min以上。

②擦拭法。对大件物品或其他不能用浸泡法消毒的物品用擦拭法消毒。

③喷洒法。对一般污染的物品表面，用1 000 mg/L的消毒液均匀喷洒，作用30 min以上；对污染严重的物品表面用含有效氯2 000 mg/L的消毒液均匀喷洒，作用60 min以上。喷洒后有强烈的刺激性气味，人员应离开现场。

④干粉消毒法。对排泄物的消毒，用含氯消毒剂干粉加入排泄物中，使含有效氯10 000 mg/L，略加搅拌后，作用2～6 h后排放。

(三)注意事项

(1)粉剂应于阴凉处避光、防潮、密封保存;水剂应于阴凉处避光、密闭保存。所需溶液应现配现用。

(2)配制漂白粉等粉剂溶液时,应戴口罩,橡胶手套。

(3)未加防锈剂的含氯消毒剂对金属有腐蚀性,不应做金属器械的消毒;加防锈剂的含氯消毒剂对金属器械消毒后,应用无菌蒸馏水冲洗干净,并擦干后使用。

(4)对织物有腐蚀和漂白作用,不应做有色织物的消毒。

(5)用于动物餐具的消毒后,应及时用清水冲洗。

(6)消毒时,若存在大量有机物时,应提高使用浓度或延长作用时间。

(7)用于污水消毒时,应根据污水中还原性物质含量适当增加浓度。

八、烷基类气体消毒剂

烷基类气体消毒剂系指以环氧乙烷为基础的一系列具有杀菌作用衍生物。其杀菌机制是由于对蛋白质分子的烷基化作用,干扰了微生物酶的正常代谢而使之死亡。

本类消毒剂的优点是:①对各种微生物都有较好的杀灭力,可作为灭菌剂;②易于挥发,消毒后无残留毒性;③对物品损害较轻。缺点是:①药液保存较难;②对人有一定毒性;③有的易燃易爆。目前国内主要使用的是环氧乙烷。

环氧乙烷

1.特性

环氧乙烷在常温、常压下为无色气体。当温度低于10.8℃时,液化成无色透明的液体。

2.适用范围

主要适用于忌湿、忌热物品的灭菌。

3.使用方法

(1)大型环氧乙烷灭菌器(5 m^3 以上):适用于大件物品和大量的物品。用药量:0.8～1.2 kg/m^3,温度55～60℃,相对湿度60%～80%,作用6 h。

(2)中型环氧乙烷灭菌器(1～5 m^3):适用于一次性诊疗用品和内镜灭菌。用药量:灭菌800 mg/L,消毒450 mg/L,温度55～60℃,相对湿度60%～80%,作用6 h。

(3)小型环氧乙烷灭菌器(<1 m^3):适用于一次性诊疗用品和内镜灭菌,病例、纸张、信件的消毒。用药量:800～1 000 mg/L,温度55～60℃,相对湿度60%～80%,作用6 h。

4.注意事项

(1)环氧乙烷钢瓶应存放于无火源、无转动马达、无日晒、通风好、温度低于40℃的地方。

(2)吸取或分装液态环氧乙烷时,需先将容器用冰水冷却。操作人员应戴防毒口罩,若不慎将液体落于皮肤黏膜上,必须立即用水冲洗0.5 min。

(3)投药及开钢瓶时不能用力过猛,以免药液喷出。

(4)经常检查环氧乙烷泄漏情况。可用含10%酚酞的饱和硫代硫酸钠溶液浸湿滤纸,贴于疑漏气处,如滤纸变红,即证明有环氧乙烷泄漏,应立即进行处理。

(5)热水加热环氧乙烷容器时,必须先打开阀门;移出热水后,才能关闭阀门。

(6)灭菌后的物品,放入解析器内清除残留环氧乙烷。

第四节　设施的维持消毒管理

一、设施消毒制度

(一)消毒剂准备的原则

(1)实验室终末消毒或新设施启用前必须选用高效的消毒剂和消毒方法,可以杀灭包括细菌芽孢在内的各种微生物。

(2)使用环保,低毒,高效,对人员、器材设备以及防护设施损伤最小的消毒剂和消毒方法。

(3)各种消毒剂的有效成分的含量在使用前必须准确测定,以确保消毒效果。

(二)消毒方法

1.喷雾消毒

(1)喷雾时,遵循减少污染的原则,先由里向外,边走边对对实验室台面、墙壁、地面、门把手等顺序边消毒边退出。

(2)过氧乙酸喷雾消毒:0.8%过氧乙酸喷雾,用量 20 mL/m^3,作用至少 60 min。为确保消毒效果,一般保持此状态过夜(24 h)。

(3)过氧化氢喷雾消毒:6%过氧化氢喷雾,用量 20 mL/m^3,作用至少 60 min。为确保消毒效果,一般保持此状态过夜(24 h)。

2.熏蒸消毒

(1)过氧乙酸熏蒸消毒:将过氧乙酸稀释成浓度为 5% 的溶液,盛于陶瓷或搪瓷容器中,加热使其蒸发。相对湿度 70%～90%,按 3 g/m^3 的用量,熏蒸 90 min。为确保消毒效果,一般保持此状态过夜(24 h)。

(2)乳酸熏蒸消毒:80%乳酸,盛于陶瓷或搪瓷容器中,加热使其蒸发。相对湿度 60%左右,按 12 mL/m^3 的用量,熏蒸 4～6 h。为确保消毒效果,一般保持此状态过夜(24 h)。

二、设施维持消毒方法及检测

(一)常用消毒方法

在动物生产或实验过程中,为保障设施环境和动物质量达标,常需要使用各种清洗、消毒、驱虫药剂。购买和使用时,应选择洗消效果确实、对人员和动物危害较轻的产品。常用清洗、消毒、驱虫药剂的使用剂量、范围与方法见表 3-1。

(二)消毒效果评价方法

1.压力蒸汽灭菌器消毒与灭菌效果评价

(1)评价方法:

①生物学指标(用作压力蒸汽灭菌设备灭菌效果的依据)。将两个嗜热脂肪杆菌芽孢菌片分别放入灭菌小纸袋内,置于标准试验包中心部位。经一个灭菌周期后,在无菌条件下,取出标准试验包或通气贮物盒中的指示菌片,投入溴甲酚紫葡萄糖蛋白胨水培养基中,56℃培养 48 h,观察培养基颜色变化。每个指示菌片接种的溴甲酚紫蛋白胨水培养基全部不变色,判定为灭菌合格。指示菌片之一接种的溴甲酚紫蛋白胨水培养基由紫色变为黄色时,判定为灭菌不合格。

表 3-1　常用清洗、消毒、驱虫药剂的使用剂量、范围与方法

药剂名称	使用浓度	使用范围	使用方法
洗衣粉	适量	各种衣物、用具的洗涤	单独或与 84 消毒液混用
洗涤灵	适量	各种用具的洗涤	单独或与洗衣粉混用
百毒杀	200～500 倍稀释	一般物品和环境的消毒	浸泡、擦抹、喷雾
新洁尔灭	0.1%～0.5%		
84 消毒液	100～200 倍稀释		
过氧乙酸	0.25%～2%		
来苏儿	1%～5%	污物、地面的消毒	浸泡、擦抹
高锰酸钾	0.03%～0.05%	水果、蔬菜的消毒	浸泡
酒精	75%	手、动物运输笼、实验用品的消毒	擦抹、喷雾
高锰酸钾、甲醛	(30 g+40 mL)/m^3	密闭环境的消毒	熏蒸
环氧乙烷	1 200 mg/L	一般物品的消毒	熏蒸
1%阿维菌素	0.02 mL/kg 体重	驱除大动物体内、外寄生虫	皮下注射
宠物香波	适量	驱除大动物体外寄生虫	药浴
除虫菊酯	适量	驱除一般环境中的蚊蝇	喷雾

注:为防止病原体产生耐药性,应交叉使用不同的消毒药剂。

②化学指标。在物品包外用化学指示胶带,可作为物品是否经过灭菌的处理标志。在物品包内中心部位用化学指示剂,可作为物品是否灭菌的参考标志。灭菌结束后化学指示剂的颜色变为与灭菌合格标准色相同时,或熔化时作为灭菌合格的参考标准。

(2)监测频率:

化学法,每锅进行检测;

生物法,每月进行检测。

2. 紫外线表面消毒效果评价方法

(1)评价方法:

①物理学检测方法。灯管的紫外线强度($\mu W/cm^2$)用中心波长为 253.7 nm 的紫外线强度测定仪(标定有效期内),在灯管垂直位置下方 1 m 处测定。

②化学检测方法。将化学指示卡置于灯管垂直位置下方 1 m 处,把卡片上的图案一面朝向紫外灯灯管,开灯 2 min 后照射 1 min(照射时间应准确),照射后图案正中涂层内白色变为紫红色,与周围相应色块相比,即可得知该灯的照射强度。

(2)监测频率:

物理学检测方法,每 3 个月 1 次;

化学检测方法,每个月 1 次。

3. 空气消毒效果评价

(1)评价方法:每 5～10 m^2 设置一个测定点,将直径 90 mm 的血琼脂平皿置于地面上,平皿打开后放置 30 min,加盖,置于(36±1)℃培养 48 h 后计算菌落数(个/皿)。

(2)监测频率:每批实验前和实验结束后各 1 次,如出现工作异常时,可随时进行。

4. 干热灭菌消毒效果评价

(1)评价方法:生物学指标。

将嗜热脂肪杆菌芽孢菌片两个分别放入灭菌小纸袋内,置于标准试验包中心部位。经一个灭菌周期后,在无菌条件下,取出标准试验包,投入溴甲酚紫葡萄糖蛋白胨水培养基中,56℃培养 48 h,观察培养基颜色变化。每个指示菌片接种的溴甲酚紫蛋白胨水培养基全部不变色,判定为灭菌合格。指示菌片之一接种的溴甲酚紫蛋白胨水培养基由紫色变为黄色时,判定为灭菌不合格。

(2)监测频率。每个月 1 次,如出现工作异常时,可增加至 1 周 1 次。

5. 消毒剂有效浓度测定

含氯类和过氧化物类消毒剂均不稳定,其有效成分随储存时间的增加而不断减少,因而必须经常测定其有效浓度。根据有效浓度调整工作浓度。

(1)评价方法:浓度试纸测定法。

剪取 1/2～1/3 条试纸于混匀的消毒剂溶液中浸一下后取出,30 s～1 min 判读结果,与标准色块比较,得出该溶液的浓度值。浓度较高的消毒液应稀释一定倍数后再测定;固体消毒剂需配成溶液后测定。

(2)监测频率:每批监测,使用中每配制 1 次监测 1 次。

第四章 受试物给予方法

在科学研究和生产实践中，人们经常要应用实验动物对某些物质的功能、作用及安全性等进行评价，这些用动物来检验的实验对象统称为受试物。受试物的种类很多，按功能和作用分，有药物、疫苗、保健品、食品、化妆品及生活用品等；按其成分和化学结构分，有化合物、蛋白质、离子、微生物、寄生虫及组织和细胞等。在科学研究和产品检验过程中，药物在受试物中占有较大比重，而且药物的给予方法几乎包含了所有的受试物给予方法。因此，本章将以药物为例阐述受试物的给予方法。

第一节 药物给予方法的选择

常用的药物给予方式有经口（口服和灌胃）给药、注射法给药（皮内、皮下、肌肉内、血管内、脑内、脊髓腔内、胸膜腔内及腹膜腔内注射）、经皮给药、经眼结膜给药、经鼻给药和直肠及阴道给药等。选择给药途径时首先要考虑将来临床应用时的给药途径，其次还需结合药物本身的剂型、化学性质和物理性质。在选择药物的给予方法时要考虑以下因素。

1. 根据药物的性质选择给药途径

经口给药是最常见的药物给予方式，具有刺激性的药物不适合于皮下注射、皮内注射和腹腔注射，只能采用经口或静脉注射的方式，某些情况下采用经口的方式更为简单。粗制剂或水不溶解或溶剂刺激性大的药物最好采用经口给予的方式，遇有在消化道破坏或吸收不好的药物则不宜采用经口给药的方法。由于犬、猫和猴对呕吐敏感，所以具有催吐作用的药物不能经口给予这些动物，而应采用静脉注射等其他方式。鼠和兔对呕吐不敏感，所以不必考虑这一点。挥发性或气态的药物则应采用吸入给药的方法。

2. 根据实验目的选择给药途径

选择给药途径时首先要考虑实验的目的，药物在临床中拟采用怎样的途径给药，在动物实验时则应尽量选择相同的给药方式。如果没有这类要求，则根据实验本身的需要，欲使药物作用出现快，则可采用静脉注射、腹腔注射等方法，要使药物缓慢吸收，则可注射油溶液或混悬液。如果没有特殊的要求，则大多数首选经口给予的方法。

3. 根据药物剂型选择给药途径

水溶液药物可采用任何给药途径，油溶液药物可经口给药，也可以进行注射，但需肌肉注射，小鼠可采用皮下注射，但要注意给药部位是否完全吸收。

4. 根据动物种类选择给药途径

如大、小鼠等小型动物，由于其肌肉不发达，所以很少采用肌肉注射的方法，视具体情况而采取腹腔注射，皮内、皮下注射和静脉注射等方法。而对于兔、犬、猪、猴等较大的实验动物，选择腹腔注射则难度较大，甚至无法操作，所以多选择肌肉注射或静脉注射等方法。

第二节　经口给药方法

一、经口给药的特点与注意事项

经口给药的方法有口服和灌胃两种方法，适用于小鼠、大鼠、犬、兔、猪等多种实验动物。灌胃法是借助灌胃器将药物直接灌到动物胃内的一种常用方法，其优点是给药剂量准确。

1.鼠类

鼠类的灌胃器由特殊的灌胃针构成。左手固定鼠，右手持灌胃器，将灌胃针插入口中，沿咽后壁慢慢插入食道，使其前端到达膈肌位置，灌胃针插入时应无阻力，如有阻力或动物挣扎则应退针或将针拔出，以免损伤、穿破食道或误入气管。

2.兔、犬等

灌胃一般要借助于开口器、灌胃管进行。先将动物固定，再将开口器固定于上下颌之间。然后将灌胃管(常用导尿管代替)从开口器的小孔插入动物口中，沿咽后壁而进入食道。插入后应检查灌胃管是否确实插入食道。可将灌胃管外开口放入盛水的烧杯中，若无气泡产生，表明灌胃管已正确插入胃中。此时将注射器与灌胃管相连，注入药液，然后用适量的水或空气将残留在灌胃管中的药物冲入胃。

3.给药量

各种动物的灌胃常用给药量是：小鼠 0.9 mL，大鼠 5.0 mL，兔 200 mL，猫 150 mL，猴 300 mL，犬 500 mL。

口服给药法是把药物混入饲料或溶于饮水中让动物自由摄取。此法优点是简单方便，缺点是剂量不能保证准确，且动物个体间服药量差异较大。大动物在给予片剂、丸剂、胶囊剂时，可将药物用镊子或手指送到舌根部，迅速关闭口腔，将头部稍稍抬高，使其自然吞咽。

二、经口给药的并发症及预防

1.误入呼吸道

经口给药最常出现的并发症是在灌胃时药液误入呼吸道(气管、肺)，预防措施为：

(1)利用灌胃针给小动物灌胃时可先用少量的药液试验灌胃针到达的位置是否正确，如动物没有强烈挣扎，说明到达胃部，可将其余药液全部灌入；若出现动物强烈挣扎的情况，则应立即取出灌胃针，重新操作。

(2)给较大的动物(如兔、犬等)用胃管灌胃时，必须在注入药液前检查灌胃管是否正确插入胃。

2.刺穿胃壁与口腔内损伤

灌胃常出现的另一并发症是刺穿胃壁或口腔内损伤，主要原因是操作者实验时过于粗暴。预防措施是：

(1)给小动物灌胃时需先在体外测量一下灌胃针所应进入的深度，防止由于灌胃针进入过深导致胃壁被穿透。

(2)给较大动物灌胃时尽量用打磨得圆滑的开口器，尤其在使用自制开口器时要注意其弧度，并且轻柔操作，以避免粗暴操作或开口器的棱角伤及口腔黏膜。

第三节 注射给药方法

一、注射法给药的特点

注射法给药与其他给药方法(如内服,外用,直肠内、阴道、子宫内给药等)相比,有如下优点:①直接注入组织——奏效迅速;②避免胃肠酸碱的破坏——效果确实;③药量准确;④节省药物。其中,静脉注射的特点是药液直接入血,随血流很快分布于全身,奏效快,但排泄也快,作用时间短。主要用于刺激性强的药液,或给药量大时应用,补液与输血等均常采用。而刺激性稍强、吸收较慢的药液宜作肌肉内注射,如水剂青、链霉素等。皮下注射则用于容易吸收,无刺激性的药物以及菌苗和自家血等。预防接种、过敏试验和某些疾病(如结核)诊断宜采用皮内注射的方法。对于一些腹膜吸收能力较强的药物,当动物心脏衰弱,静脉注射有困难时,可行腹腔注射,尤其是中、小动物。

二、注射法给药的注意事项

首先要防止感染,严格遵守无菌操作原则。例如注射前必须洗手,戴口罩,衣帽整洁,对注射部位严格消毒等。

其次要防止出现差错,在注射前、中、后三看标签,仔细查对,以免遗漏或错误。注射前还必须严格检查药物质量,确定给药途径准确无误,同时注射几种药时,还应注意药物的配伍禁忌。

最后要防止发生意外,注射前要对器械进行认真的检查,必须排尽注射器内的空气,准备好急用的血管钳等。

三、注射法给药的并发症及预防和处理

注射法操作虽然简单,容易掌握,但是注射中如果马虎从事,也容易发生药液外漏、血管栓塞、针头折断、局部感染化脓等并发症。

1. 药液外漏

血管内注射时,针头刺入血管内就注射,或者针头刺入太浅,动物骚动造成针头脱出等均可造成药液外漏。一般无刺激性的药液少量漏于皮下,机体可以吸收。如是水合氯醛、氯化钙、高渗盐水等强刺激性药液漏于皮下,不及时处理,可造成组织发炎、化脓、坏死。

当进行血管内注射时,一定要确实刺入血管内后才注入药液。如发现药液外漏,应立即停止注射。若是强刺激性药液少量漏于皮下,可实行局部热敷,促其吸收。大动物可从另一侧静脉采 10~20 mL 血液,注于患部皮下。自体血液有缓解疼痛、消炎的作用。如果大量强刺激性药液外漏,应立即在注射部剪毛、剃毛、消毒后,平行静脉切开皮肤,而后用高渗液引流。

2. 血管栓塞

血管栓塞是由于将空气与药液一起大量注入血管内而造成的。

血管栓塞于重要器官,如脑、心脏时,可引起动物迅速死亡,因此,在进行血管内注射时,一定要将注射器或注射胶管中的空气排净,油类制剂不能进行血管内注射。

3. 针头折断

常见于肌肉注射时，主要是由于用力不当或将针全长刺入组织内，刺针时动物骚动肌肉强烈收缩，以及针头原有损伤未经查出等。

折断的针头如较浅在，应立即用镊子或止血钳夹取。如位置较深，则应保持动物安静，实施局部麻醉或镇定、镇痛后，切开局部皮肤肌肉取出。如由于肌肉强烈收缩，或夹取不当，造成断针游走，不易寻找时，可应用 X 光检查定位，再以手术切开方法取出。

4. 局部感染化脓

注射部位的感染化脓，主要是由于消毒不严格，误用刺激性药液进行肌肉注射，注射部位选择不当，造成动物啃咬等。

注射部位感染，尤其是厌氧菌感染是非常危险的并发症。因此，严格无菌操作，仔细检查注射的药液，是预防感染化脓的关键。一旦感染，应给予抗生素治疗，局部要及时切开，以排出脓汁和坏死组织。

第四节 其他给药方法

一、直肠内给药

直肠内给药，是指通过肛门将药物送入肠管，使药物通过直肠黏膜吸收入血，以发挥局部治疗或全身治疗的作用。直肠给药的优点是既可以避免肠胃道的分解，而且见效较快，尤其对于不能口服的药物，如服用后引起呕吐的药物，给药尤其方便。

直肠内给药时首先要对药液进行预热，温度应接近体温，治疗便秘时药液量可适当加大。

大、中型动物的直肠内给药有导管法和灌肠器法两种方式。前者一般需 3 人配合操作。以犬为例，在行直肠内给药时，先把犬的嘴保定好，第一助手抓住犬的两后肢把后躯抬高，尾巴拉向上方或一侧；术者把尖端涂有液状石蜡或植物油的橡胶导管经肛门插入直肠内 8～15 cm。第二助手用手捏紧肛门的外周和导管，术者再把注射器接到导管上，缓慢注入药液，再注些水或空气以便将导管内药液冲净。注射完成后随即拔出导管，压下犬的尾根，防止努责时把药液过早排出。使用灌肠器可方便地把药液直接注入肛门内，而且可减少操作人员。小鼠等小动物的直肠给药方法则较为简单，经小鼠肛门插入导管 2～3 cm，缓慢注入药液即可。

二、气管内注射给药

气管内注射给药常用于治疗支气管炎、肺炎等呼吸道病以及肺脏驱虫等药物实验。注入的药物应容易吸收并必须全部溶解，药液的量要小，温度为 38℃左右。注射部位为颈部中央处的气管内。给犬和猪进行注射前，先剪毛、消毒，然后垂直进针，出现落空感后回抽，见有空气进入注射器内即可缓慢注入药液。注射时，用手固定住气管，以防动物咳嗽、摆头挣扎而致针头脱出。而禽的气管内注射部位则在禽的喉下，颈部腹侧偏右，气管的软骨环之间。针头刺入后，应缓慢注入药物。

三、滴鼻给药

常用于鸡的一些疫苗实验时给雏鸡接种，也用于一些黏膜给药和外用药的实验。给鸡滴鼻给药时，方法是左手轻握鸡体，其食指与拇指固定住小鸡的头部，右手用滴管滴入鸡的一侧鼻孔，当药液滴在鼻孔上鸡不吸入时，可用右手食指把鸡的另一侧鼻孔堵住，药液便很快被吸入。

给犬滴鼻液时，每次每侧鼻孔只滴 1～2 滴。

滴鼻给药时，药瓶或滴管的尖端不要触及实验动物的鼻腔黏膜，以免引起不适或造成创伤。

四、眼结膜给药

常用于家兔和雏鸡。家兔点眼法进行药物刺激性实验的操作步骤是：将药液生理盐水各 0.05～0.1 mL，分别滴入左右眼结膜囊内（或注入眼球结膜下），观察数小时（对有刺激性药物应观察至作用完全消失，结膜恢复正常），与对照眼比较，观察结膜有无充血、水肿、眼分泌物增多，能否恢复等情况。给雏鸡点眼则常用于接种鸡的一些疫苗，具体方法是左手轻握鸡体，其食指与拇指固定住小鸡的头部，右手吸取药液，滴入鸡的眼睛。当该方法用于评价治疗眼疾药物时，常用大小鼠、家兔或犬进行实验，每次每侧眼睛滴 1～2 滴。滴眼给药时，药瓶或滴管的尖端不要触及实验动物眼睛，以免引起不适或造成创伤。

五、阴道黏膜给药

与口服给药相比，阴道黏膜给药方法有许多优点，是很有效的药物持续释放系统。不仅可以局部用，而且可以全身性用药，如甲硝唑通过阴道黏膜吸收可以避免口服给药进入效应器官前的消减，避免肝肠循环产生的首过作用。对于黄体酮、雌二醇类药物，其口服生物利用度低，在肝脏易被代谢失活。阴道黏膜给药可以克服这些不利因素。阴道黏膜给药还适用于一些有严重胃肠道反应的药物，如前列腺素。阴道黏膜给药还可以避免多次给药所产生的“峰谷”现象。另外，治疗泌尿生殖道疾病的药物可以经阴道黏膜给药。

大鼠阴道黏膜给药时，将大鼠麻醉后逐只仰卧于鼠板上，阴道口消毒后，右手取钝性管，吸取药液，小心插入阴道 4～5 mm，灌注药液，抬高臀部 10 min，1 h 后将大鼠放回笼中饲养，大鼠阴道最大给药量 0.1 mL/只（相当于人用量 10 倍）。

家兔阴道黏膜给药时需将其固定在兔盒中，按最大量 1.0 g/只（相当于人用量的 8 倍）将栓剂塞入其阴道，保持至少 4 h。

六、吸入给药

吸入给药，即经呼吸道给药，在对粉尘、气体及蒸气或雾状的药物进行实验时，常采用该法，如实验时给动物作吸入麻醉；给动物吸入一定量的氨气、二氧化碳等观察呼吸、循环等的变化；给动物定期吸入一定量的 SO_2；用锯末烟雾制作慢性气管炎动物模型等。该方法在毒理学实验中应用更为广泛。经呼吸道给药可分为动式吸入和静式吸入两种方式。其类型又可分为两种，一是将实验动物整体置于染毒柜中，二是仅将实验动物的口鼻部位与染毒柜中含药物的空气接触，身体其他部位置于染毒柜外，也称为面罩吸入给药。静式染毒操作时，将小鼠放入静式染毒柜内，加盖密闭，开启小电扇。根据设计剂量浓度及染毒柜体积，计算需要加入的药物量。将液态药物经加药孔加到接物蒸发器上，计时。记录染毒柜内温度。给药时间根据实验目的和要求确定，一般为 2 h，要求药物在 10 min 内蒸发完毕。染毒柜的容积以每只小鼠每小时不少于 3 L 空气计算，每只大鼠每小时不少于 30 L 计算。

七、经皮给药

经皮给药即药物穿透皮肤角质层达到真皮后被吸收入血液。一般来说，研究外源化合物经皮肤吸收是指角质层完整的皮肤而言，如若表皮层破损，则化合物可经真皮直接吸收，吸收量和毒性反应将显著增加。在进行试验时，先在实验动物染毒部位脱去被毛，但不损伤皮肤，定量涂敷药物，观察经皮吸收后的药效和毒性效应。给药或染毒部位一般选择在动物背部中线的两侧。脱毛区为动物体表面积的10%左右。家兔约150 cm^2，豚鼠和大鼠约40 cm^2。体表面积(S)与体重(W)有关，可依下列公式求得动物体表面积。

$$S=10.4W^{0.667}$$

经皮吸收实验的剂量单位以每千克体重接触药物毫克数表示(mg/kg)，也可以使用每平方厘米表面积接触受试物毫克数表示(mg/cm^2)。操作时，先将动物局部被毛用剪刀剪去，然后用脱毛剂脱毛。脱毛后观察24 h。将动物固定，定量涂敷1 mL药物(不同剂量组需配不同浓度的药物)，再盖上医用纱布、胶布或网孔尼龙绷带加以固定，开始计时。药物与皮肤接触4 h后取下包扎，用温水洗净皮肤上的残存药物，观察动物药效和中毒效应。

第五节　各种给药方法的作用与特点

实验动物的给药方法较多，在实践中要根据实验需要、动物以及各种给药途径的特点选择给药方法。各种给药方法的作用与特点见表4-1。

表4-1　各种途径给药的作用与特点

给药途径	用途	优点	缺点
静脉注射	刺激性强的药液，或给药量大时应用，补液、输血等均常采用，紧急用药和须快速奏效的药物也采用	直接注入血液，没有吸收过程，奏效快，并且避免胃肠道内酸碱的破坏，效果确实；药量准确，节省药物	排泄快，作用时间短
肌肉注射	刺激性稍强，吸收较慢的药液宜做肌肉内注射	直接注射入组织，吸收过程短，奏效较快，其他同静脉注射	不能用于刺激性过强的药物，给药量有限
腹腔注射	在心脏衰弱，静脉注射有困难时应用，可以大剂量注射，多用于中、小动物	经腹膜吸收，吸收速度快，吸收能力较强，奏效较快，较节省药物	不适用于大动物
皮下注射	常用于容易吸收、无刺激性的药物，以及菌苗和自家血等	药液的吸收和起效均较快	给药量较少
皮内注射	常用于预防接种、过敏试验和疾病诊断	药液的吸收和起效均较快	给药量极少
经口灌胃	除了对胃肠刺激性太强的药物，大多数药物均可采用该方法	给药剂量准确，适用的药物种类较多	吸收过程长，作用缓慢，有首过效应。对危急病例不宜经口给药。操作过程以及某些药物会刺激口腔和胃肠道黏膜

续表 4-1

给药途径	用途	优点	缺点
经口口服	同经口灌胃	简便、经济、安全	除了经口灌胃的缺点，口服拌饲还存在剂量不准确的问题，并且不适用于挥发性药物
直肠给药	尤其对于不能口服的药物，如服用后引起呕吐的药物，给药方便	既可以避免肠胃道的分解，而且见效较快	操作较复杂，尤其用于小动物有困难
气管内注射给药	气管内注射给药常用于治疗动物支气管炎、肺炎等呼吸道病以及肺脏驱虫药物实验	奏效快	用药种类有限，操作不当易引起意外伤害
滴鼻给药	常用于鸡疫苗实验及局部用药实验	简单易行	用途有限，给药量少
眼结膜给药	常用于家兔和雏鸡，进行刺激性实验和接种疫苗	简单易行	用途有限，给药量少，并不易准确控制
阴道给药	适用于口服生物利用度低、在肝脏易被代谢失活的药物及有严重胃肠道反应的药物实验。也常用于局部用药实验	是有效的药物持续释放系统，不仅可以局部用，而且可以全身性用药，并避免了肝肠循环产生的首过作用	用药的种类有限，操作和给药量不易准确控制
吸入给药	呈粉尘、气体及蒸气或雾态的药物或毒气，均需要通过动物呼吸道给药	吸收快，起效快，排泄也较快。也可避免首过效应及胃肠道内灭活	用药的种类有限，一般需要特殊的装置，如染毒柜和气体处理装置等
经皮给药	为了鉴定药物或毒物经皮肤的吸收作用、局部作用、致敏作用和光感作用等，均需采用经皮肤给药方法	避免首过效应及胃肠道内灭活，减少胃肠道给药的副作用并使药物可长时间持续扩散进入血液循环，而且皮肤之间吸收个体差异比胃肠道的吸收差异小	给药量有限，在挥发性药物的操作中难以把握准确剂量和难以避免对环境的污染

第六节　药物的配伍禁忌

药物的配伍禁忌受多种因素影响，在此仅对其一般规律进行概述。

一、配伍禁忌的一般规律

(1)静注的非解离性药物，例如葡萄糖等，较少与其他药物产生配伍禁忌，但应注意其溶液的 pH 值。

(2)无机离子的中的 Ca^{2+} 和 Mg^{2+} 常易形成难溶性沉淀。I^- 不能与生物碱配伍。

(3)阴离子型的有机化合物，例如生物碱类、拟肾上腺素类、盐基抗组胺药类、盐基抗生素类，其游离基溶解度均较小，如与 pH 值高的溶液或具有大缓冲容量的弱碱性溶液配伍时可能产生沉淀。

(4)阴离子型有机化合物与阴离子型有机化合物的溶液配伍时，也可能出现沉淀。

(5)两种高分子化合物配伍可能形成不溶性化合物，常见的如两种电荷相反的高分子化合物溶液相遇会产生沉淀。例如抗生素类、水解蛋白，胰岛素、肝素等。

(6)使用某些(青霉素类、红霉素类等)抗生素，要注意溶媒的 pH 值。溶媒的 pH 值应与抗生素的稳定 pH 值相近，差距越大，分解失效越快。

二、影响药物配伍的因素

(一)药物的理化性质

1.药物的纯度

当药物含有其他杂质时，在药物配伍中会引起化学反应而使药物失效或产生毒性。例如2.5%枸橼酸钠溶液，如果含有微量钙盐，以氯化钠调整渗透压时，灭菌后会产生枸橼酸钙白色沉淀。促肾上腺皮质激素若含有杂蛋白，与其他药物伍用时，pH 值改变则发生浑浊。

2.特殊反应性

有些药物具有特殊的化学反应，例如芳香族伯胺类化合物与醛糖类配伍，可生成新的化合物。

3.溶解性

由于某些药物或生成物的溶解度不同，配伍变化的结果则不同。如青霉素 G 钠 20 万 U，加入 0.25%盐酸普鲁卡因 2 mL，不生成沉淀；若加入 2%盐酸普鲁卡因 2 mL，则会生成普鲁卡因青霉素沉淀。

4.稳定性

稳定性差的药物，配伍时较易发生变化。例如具有邻二酚结构的药物，如肾上腺素、去甲肾上腺素、阿扑吗啡(去水吗啡)等，易氧化而变为有色的醌类。维生素 B_1、维生素 C 等在中性或碱性溶液易氧化变色。

(二)环境因素

1.温度

一般情况下，当温度上升 10℃，化学反应速度约增加 2～4 倍。所以，一般配伍变化，在环境因素中应首先考虑温度。例如：氧化还原反应、溶解度、共溶等都与温度关系较大。

2.湿度

空气相对湿度的大小，可影响固体药物的配伍。例如：异烟肼与维生素 C 配伍，干燥时无变化，湿润时药效 1 日内损失 2%，3 日内损失 4%。苯巴比妥与水合氯醛以 1∶5 配合，温度在 22～27℃，相对湿度为 84%～94%时即液化，相对湿度为 44%～56%时则无变化。

3.pH 值

药物在溶液中的稳定性与 pH 值高低有很大关系，如超出其 pH 值稳定范围时，则易发生配伍变化。例如：红霉素在 pH 4 以下效价大幅度降低，当红霉素与生理盐水或林格氏液配伍时，放置 3.5 h 效价不变。当与 pH 4.5 的葡萄糖溶液配伍，放置 3.5 h 则效价降低 15%。

4.金属离子

许多金属离子如 Fe^{2+}、Mn^{2+}、Cu^{2+}、Pb^{2+} 等对药物的配伍变化起重要催化作用，且与配伍药液中所含金属离子的浓度有关。如青霉素遇 Cu^{2+}、Zn^{2+} 易水解而生成青霉素酸，去甲肾上腺素遇 Fe^{2+} 易变色等。

(三)其他因素

1. 浓度

化学反应的速度与反应物的浓度成正比。如硝酸与甘油,只有达到一定浓度时才发生反应。高浓度乙醇可使青霉素失效,但青霉素在20%以下的乙醇中则不会失效;25%以上的乙醇才能使胃蛋白酶失活。

2. 混合比例和混合程度

有些配伍变化,例如共熔化合物,其熔点下降与共熔物比例有关。粉末药物混合时,其配伍变化的速度与其混匀度有关。

3. 时间

药物的配伍变化,有些进行得很慢;有的在短时间内无变化,但随时间的延长则发生变化。例如苯巴比妥水溶液在15℃时4 d内不分解,而25 d后分解64%;洋地黄酊加水杨酸可可豆碱最初无变化,而4 d后则出现沉淀。

4. 第三种成分的影响

系指A、B两种药配伍无变化,但加入第三种药物时可发生变化。例如硼砂溶液与碳酸氢钠配合无变化,再加入甘油即发生反应。乌洛托品与卤素盐类配伍无变化,当加入镁盐溶液时则析出复盐沉淀。

第五章　标本的采集与处理

第一节　采集方法的选择

一、静脉采血方法的选择

实验动物的静脉采血方法很多，如：尾静脉、耳缘静脉、眼底静脉丛、颈静脉、舌下静脉等。但具体选择什么部位采血与使用何种采血方法，则需视动物种类、检测目的、试验方法及所需血量而定。

二、动脉采血方法的选择

实验动物动脉采血的方法依据采血部位通常有：股动脉采血、腹主动脉采血、耳中央动脉采血、隐动脉采血等。动脉采血通常采血量较大，应根据实验的具体要求，尤其是实验后续的需要来选择什么部位采血，使用何种采血方法。

三、采取脑脊液方法的选择

脑脊液可以通过脊髓腔穿刺法采集，小动物也可以通过枕骨大孔直接采集。

(1)犬、兔脑脊液的采集：通常采取脊髓穿刺法，穿刺部位在两髂骨连线中点稍下方第 7 腰椎间隙。

(2)大鼠脑脊液的采集：可用枕骨大孔直接穿刺法。

四、采取尿液方法的选择

一般在实验前需给动物灌服一定量的水，通常采用的方法有：

(1)代谢笼集尿法：适用于大、小鼠，将实验动物放在特制的代谢笼内饲养，动物排便时，可通过笼子底部的大小便分离漏斗将尿液与粪便分开，达到采集尿液的目的。

(2)膀胱导尿法：是一种直接从动物尿道插管到膀胱采尿的方法，常用于雄性犬、兔。

(3)压迫膀胱法：在实验研究中，有时为了某种实验目的，要求间隔一定时间，收集一次尿液，以观察药物的排泄情况。

(4)穿刺膀胱法：动物麻醉后固定于手术台上，在耻骨联合至上腹正中线剪毛，消毒后进行穿刺，入皮后针头应稍改变一下角度，以避免穿刺后漏尿。

(5)输尿管插管法：在急性动物实验时，在实验动物输尿管内插入一根塑料套管收集尿液。

(6)膀胱插管法：腹部手术，方法同输尿管插管法。

(7)剖腹采尿法：同输尿插管法。

(8)反射排尿法:适用于小鼠,因小鼠被抓住尾巴提起时引起的排便反射比较明显,故需采取少量尿液时,可提起小鼠,将排出的尿液接到带刻度的容器内。

五、采取消化液方法的选择

1. 唾液

犬的唾液腺有腮腺、颌下腺和舌下腺3对,所分泌的唾液,分别由3对唾液腺管开口于口腔。通常方法有:刺激法、直接抽吸法、制备腮腺瘘法、犬颌下腺排泄管插管法等。

2. 胃液

胃液的收集方法较多,具体应用中应根据实验目的采取不同的方法。通常方法有:直接收集胃液法、制备胃瘘法、犬全胃收集胃液法等。

3. 胰液

将实验动物的十二指肠及与十二指肠连接的胰腺手术方法取出,并把胰腺向上翻过来,仔细分离出胰大管或胰小管。一般从胰大管采集胰液,在胰大管上插入适当粗细的塑料管,就可采集到胰液。大鼠的胰管与胆管汇集于一个总管,在其入肠处插管固定,并在近肝门处结扎和另行插管,可分别收集到胰液和胆汁。有时也可通过制备胰瘘来获得胰液。

4. 胆汁

将实验动物腹部剃毛消毒后,沿腹中线在剑突和脐之间做一切口,由于胆囊位置隐藏在肝的右外侧叶和中央叶之间,应将肝的右、中叶向外侧推开,使胆囊完全暴露,然后分离输胆总管。由输胆总管向胆囊方向插入一根细塑料管,轻轻压迫胆囊,胆汁就会自然流出。也可做胆囊瘘管,这样就可以长期地采取胆汁。通常方法有:胆囊瘘管法、胆总管插入法、十二指肠瘘管收集胆液法等。

5. 肠液

采用无菌手术,在实验动物的小肠上做造瘘手术,把肠瘘管缝到腹壁肌上,瘘管口伸出到动物腹部的皮肤外面。待伤口愈合后,即可从肠瘘管中采集肠液。

六、采取骨髓方法的选择

大动物的骨髓采集多采用活体穿刺取骨髓的办法。通常选择有造血功能的骨组织穿刺采集,一般取胸骨、肋骨、髂骨、胫骨和股骨的骨髓。小动物因体型小,骨骼小,不易穿刺,一般采用处死后由胸骨或股骨采集骨髓的办法。

1. 大鼠、小鼠骨髓的采集

用颈椎脱臼法处死动物,剥离出胸骨或股骨,用注射器吸取一定量的Hank's液,冲洗出骨髓或股骨中的全部骨髓液。若是取少量的骨髓做检查,可将胸骨或股骨剪断,将其断面的骨髓挤在有稀释液的玻片上,混匀后涂片晾干即可染色检查。

2. 大动物骨髓的采集

先将动物麻醉、固定、局部除毛、消毒皮肤,然后左手将穿刺点周围的皮肤绷紧,右手将穿刺针在穿刺点垂直插入,当穿刺针穿过皮肤而被固牢后,再轻轻左右旋转将穿刺针钻入骨髓腔,通常此时会有明显的落空感。犬的骨髓采集,一般采用髂骨穿刺。大动物常用的穿刺点如下:

胸骨:穿刺部位是胸骨体与胸骨柄连接处。

肋骨:穿刺部位是第5～7肋骨各自的中点。应防止气胸。

胫骨:穿刺部位是胫骨内侧胫骨头下1 cm处。

髂骨:穿刺部位是髂上棘后2～3 cm的嵴部。

股骨:穿刺部位是股骨内侧,靠下端的凹面处。

七、采取精液方法的选择

(1)人工阴道采集精液:体型较大的实验动物,如犬、猪、羊等多采用此方法。

(2)阴道栓采集精液:多用于大、小鼠精液的采集。

(3)电刺激采精法:此法使用范围较广,可用于金黄地鼠、小鼠、大鼠、豚鼠等。

(4)附睾内取精法:可适用于所有动物。

八、采取组织器官样品方法的选择

实验动物内脏剖检,一般取背卧位。对患有传染病的实验动物通常不剥皮。一般先切断肩胛骨内侧和髋关节周围肌肉,使四肢摊开(仅以部分皮肤与体躯相连)。然后沿腹壁正中线切开剑状软骨至肛门之间的腹壁,再沿左右最后肋骨切开腹侧壁至脊柱部,这样腹腔器官全部暴露,此时检查腹腔液的数量和性状,腹膜是否光滑,有无充血、淤血、出血、破裂、脓肿、粘连、肿瘤和寄生虫,腹腔的位置是否正常,肠管有无变化、破裂,膈的紧张程度及有无破裂,大网膜脂肪的含量等。

1.腹腔脏器的采集

可由膈处切断食管,由盆腔处切断直肠,将胃、肠、肝、胰、脾一起采出,分别检查。也可按脾、胰、胃、肠、肾、肝、膀胱、生殖器的次序分别采出。

(1)脾脏采出:腹腔剖开后,在左侧很容易见到脾脏,一手用镊子将脾脏提起,另一手持剪剪断韧带,采出脾脏。

(2)胰脏采出:胰脏靠近胃大弯和十二指肠,在胰脏的周围有很多脂肪组织,因为胰脏同脂肪组织相似,不易区别。为此,可将胰连同周围的脂肪组织一同采出,浸入10%甲醛溶液中,数秒钟后胰脏变硬成灰白色,脂肪不变色,很容易区分。

(3)胃肠采出:在食道与贲门部做双层结扎,中间剪断,再用镊子提起胃贲门部,一边牵拉,一边切开周围韧带,使胃同周围组织分离,然后按十二指肠、空肠、回肠的顺序,切断这些肠管的肠系膜根部,将胃肠从腹腔中一起采出。动作要轻,避免拉断肠管。

(4)肾脏采出:用镊子剥离肾脏周围脂肪,然后将肾脏采出。

(5)肝脏采出:用镊子夹住门静脉的根部,切断血管和韧带。操作时应小心,因为肝脏容易损伤。

2.胸腔脏器的采集

用镊子夹住胸骨剑状突,剪断横膈膜与胸骨的连接,然后提起胸骨,在靠近胸椎基部,剪断左右胸壁的肋骨,将整个胸壁取下。打开胸腔后,注意检查胸腔液的数量和性状,胸膜的色泽,有无出血、充血或粘连等。检查心包时,注意心包的光泽度及心包内的液体数量、色泽、性质、透明度。

(1)胸腺采出:采取胸部器官时,首先要采出胸腺,然后采出心脏和肺脏。胸腺易被破坏,应特别小心。

(2)心脏采出:在心包左侧中央作十字形切口,用镊子夹住心尖,提出心脏,可沿心脏的左纵沟切开左右心室,检查血液及其性状,然后用镊子轻轻牵引,切断心基部的血管,取出心脏。

(3)肺脏采出:用镊子夹住气管向上提起,剪断心脏与胸膜的连接韧带,将肺脏采出。

3. 盆腔脏器的采集

先切离直肠与盆腔上壁的结缔组织,雌性动物还要切离子宫与卵巢,再由骨盆腔下壁切离膀胱颈、阴道及生殖腺,最后将肛门、阴门作圆形切离,即可取出骨盆腔脏器。

4. 口腔及颈部器官的采集

剥去下颌部和颈部皮肤,颈部气管、食道及腺体便明显可见,用刀切断两下颌支内侧和舌连接的肌肉,再用镊子夹住,拉出外面,将咽、喉、气管、食道及周围组织切离,直至胸腔入口处一并取出。

5. 颅腔器官的采集

沿环枕关节横断颈部,使头颈分离,再去掉头盖骨,用镊子提起脑膜,用剪刀剪开,检查颅腔液体数量、颜色、透明度等情况。用镊子钝性剥离大脑与周围的连接,然后将大脑从颅腔内取出。

第二节　样品的处理方法及注意事项

一、血液样品的处理及注意事项

(一)血清及血浆制备

1. 几种常用血液抗凝剂的配制及使用方法

(1)肝素:肝素的抗凝血作用很强。肝素能抑制凝血酶的活力,阻止血小板凝聚,从而使血液不发生凝固。纯品肝素 10 mg 能抗凝 65～125 mL 血液(按 1 mg 等于 125 U,10～20 U 能抗 1 mL 血液计),但由于肝素制剂的纯度高低以及其保存时间长短不等,其抗凝效果也不一样。一般纯度不高,或是过期的,应用时剂量应增 2～3 倍。可配成 1%肝素生理盐水溶液,用时取 0.1 mL 于试管内,100℃下烘干,每管能抗凝 5～10 mL 血液。也可将抽血注射器用配好的肝素湿润一下管壁,直接抽血至注射器内使血液不凝。给动物全身抗凝时,一般剂量为:大鼠 3.0 mg/250 g 体重,兔 10 mg/kg 体重,犬 5～10 mg/kg 体重。由于肝素可改变蛋白质等电点,当用盐析法分离蛋白质作分类测定时,不可采用肝素。市售的肝素钠溶液每毫升含肝素 12 500 U,相当于 100 mg。

(2)草酸盐合剂配制:称取草酸铵 1.2 g、草酸钾 0.8 g、甲醛 1.0 mL,用蒸馏水加至 100 mL 即为草酸盐合剂。每毫升血加草酸盐合剂 0.1 mL(即相当于草酸铵 1.2 mg,草酸钾 0.8 mg)。根据取血量将一定量的草酸盐合剂加入玻璃容器内烤干备用,如 0.5 mL 取于试管中,烘干后每管可使 5 mL 血不凝固。

草酸的作用在于能够沉淀血凝过程中所需的钙离子,而达到抗凝目的。草酸铵能使血细胞略为膨大，而草酸钾能使血细胞略微缩小，因此草酸铵与草酸钾按3∶2比例配置，可使血细胞体积保持不变，加甲醛则能防止微生物在血中繁殖。此抗凝剂最适于作红细胞比积测定。用时注意添加量应适中，不能过多，以免妨碍血滤液的制取。草酸盐合剂不适用于血液内钙或钾的测定，也不能用于血液非蛋白氮测定。

(3)枸橼酸钠：常配成3%～5%水溶液，也可以直接加粉剂，每毫升血加3～5 mg，即可达到抗凝目的。枸橼酸钠可使钙失去活性，防止凝血。但其抗凝作用较差，碱性较强，不宜作化学检验之用，仅可用于红细胞沉降速度测定。急性血压测定实验使用枸橼酸钠5%～6%溶液。

(4)氟化钠：每毫升血加6 mg即可达到抗凝目的。若为防止糖酵解或防止微生物繁殖，则每毫升血只需加0.5 mL甲醛即能达到保存的目的。氟化钠和草酸一样可以使钙沉淀而达到抗凝目的。

(5)草酸钾：每毫升血需加1～2 mg草酸钾。配制成10%水溶液，每管加0.1 mL则可使5～10 mL血不凝。一般如做微量检验，用血量较少，可配制成2%溶液，每管加0.1 mL可使1～2 mL血液不凝。

2.血清的分离与制备

取血后，应尽快地分离血清，否则易溶血。程序如下：将装有血液的瓶子放在室温或37℃温箱(约1 h)，使其充分凝固，然后置4℃过夜。以1 500 r/min离心30 min，吸取上部清亮的血清。如需进行免疫方面的实验，则需无菌技术吸出上层清亮的血清置于灭菌瓶内。将血清分装于灭菌小瓶，贮存于－20℃或－70℃冰箱，或加0.1%叠氮钠或0.01%硫柳汞后，贮存于4℃冰箱。

3.血浆的制备

采血时，使用肝素或枸橼酸钠抗凝，充分混合，以3 000～4 000 r/min离心10 min，其上层液即为血浆。

(二)血标本保存的注意事项

血标本应避光保存，保存容器以玻璃、聚氯乙烯和聚四氟乙烯制品为宜。低温下保存的样品不能在室温慢慢熔解，而应放在25～37℃水浴中短时间快速熔解，充分混匀，恢复到室温校正总量。血液标本必须避免重复地冻结熔解，否则会使血液成分改变。

血清一般保存于4～6℃冰箱或冰冻保存数天，多数成分是比较稳定的。全血不得冰冻，因红细胞在冰点下受到物理作用的改变不可逆，将会溶血，影响测定结果。需用全血或血浆的检验项目必须用抗凝瓶盛血液标本，于4～6℃冰箱中保存。全血在保存期间如发现界限不清，血浆与红细胞层交界处有松散的红色，表示有轻度溶血，红色增多则是溶血加重，不能再使用。

血液中特别不稳定的成分，如氨、胆红素、酸性磷酸酶、CO_2等在采血后必须立即进行检验。血液中具有生物活性的酶在不同温度下保存，活性时间也不尽相同。多数酶保存时间越长，活性降低的可能性越大。如磷酸肌酸酶活性在4℃保存24 h，失活47%；20℃保存24 h，失活70%。全血在保存过程中钾、氨、乳酸含量会增加，二氧化碳含量会减少。不同温度下血液化学成分稳定时间见表5-1，不稳定的血清化学成分见表5-2。

表 5-1 不同温度下血液化学成分稳定时间

成分	室温（20℃）/d	冷藏（4℃）/d	冰冻（−18℃）	成分	室温（20℃）/d	冷藏（4℃）/d	冰冻（−18℃）
钾	14	60	1年	肌氨酸酐	3	7	数月
钠	14	60	1年	尿酸	3	4	数月
钙	1	3	1周	谷草转氨酶	3	7	1个月
镁	7	14	1个月	谷丙转氨酶	1	3	14 d
铁、铜	7	14	数月	淀粉酶，脂肪酶	2	21	数月
氯化物	7	30	数月	胆汁素酯酶	1	7	数月
总蛋白质	7	30	数月	葡萄糖	1	7	1个月
白蛋白	7	30	数月	胆固醇	7	21	数月
尿素，残余氮	1	7	数月				

表 5-2 不稳定的血清化学成分

成分	室温（20℃）	冷藏室（4℃）	冰冻（−18℃）	原因
氯	不能存放	1 h	1 d	
酸性磷酸酶	不能存放	1～2 h	90 d	空气中 CO_2 使血清 pH 升高，失去活性
碱性磷酸酶	24 h	24 h	180 d	pH 升高
乳酸脱氢酶	7 d	72 h	不能存放	低温不稳定
胆红素	不能存放	48 h	30 d	光分解
脂蛋白	24 h	72 h	不能存放	冰冻时脂蛋白分解，游离胆固醇酯化
胆固醇酯	不能存放	72 h	60 d	测定值偏高
磷脂质	24 h	7 d	60 d	有机磷分解，无机磷产生
肌酸磷酸激酶	24 h	72 h	60 d	SH 化合物影响酶的稳定性

（三）影响检测结果的因素

1. 采血时间

动物实验中，检测生化指标时应在禁食（不禁水）4～12 h 后采血，如检测血糖、血脂、游离脂肪酸、肝功及肾功检查等，进食多可影响血液生化指标。有些重复检查指标需在同一时间采血检查，如 ACTH，血浆皮质醇，血清 Fe、Cu、F、Zn，血清胆红素，白细胞等，因为这些指标在一日之内的不同时间有生理性的高低波动。

2. 采血血管

动物血液可由静脉、毛细血管、动脉等采集。不同血管采集的血液对多数检查指标影响不大，但也有一些指标会受影响，如血糖、血清乳酸及丙酮酸值的静脉血和毛细血管血有一定差异，血氧饱和度、二氧化碳分压的动脉血和静脉血之间有明显差异，血糖、血清乳酸也有差异。

3. 密闭方式

血液暴露于空气后，二氧化碳会迅速逸出并吸收氧气提高血氧饱和度，从而引起血液 pH 和细胞内外一系列成分的改变。所以，测定 pH 及气体的血液样品要求以密闭方式采血。

二、尿液样品的处理及注意事项

(一)尿液的收集

(1)应尽可能地留取新鲜尿,较浓缩,条件恒定,便于对比。

(2)应使用清洁容器收集尿液。

(3)尽可能避免粪便等异物混入。

(4)应及时送检,以免细菌繁殖、细胞溶解等。

(5)尿胆原等化学物质可因光分解或氧化而减弱。

(二)尿液的防腐与保存

(1)冷藏:防腐剂随检验目的而定,一般置于4℃冰箱可保存6 h。

(2)甲醛:用于管型细胞的防腐,按照400 g/L甲醛0.5 mL/100 mL尿加入。由于甲醛具有还原性,不适合尿糖等化学成分检查。

(3)甲苯(或二甲苯):用于尿糖、尿蛋白的防腐,按照甲苯0.5 mL/100 mL尿加入。

(4)麝香草酚:用于检查尿中化学成分及细菌的防腐剂,每100 mL加入少于0.1 g。

(三)检验后尿标本的处理

标本检验后,必须经过消毒处理后才能排入下水道内。所用盛尿容器及试管等须经30～500 g/L漂白粉澄清液或100 g/L次氯酸钠钾液中浸泡2 h,也可用5 g/L过氧乙酸浸泡30～60 min,再用清水冲洗干净。

三、骨髓样品的处理及注意事项

(一)骨髓的取材

抽取的骨髓液中应含有骨髓小粒,显微镜下观察涂片,可发现骨髓特有细胞,如巨核细胞、浆细胞、网状细胞、组织嗜碱细胞、幼稚红细胞、幼稚粒细胞等。取材的部位及方法见本章第一节。

(二)涂片检查及染色

1. 涂片的制备

要求涂片均匀,有头、体、尾3部分,血膜面积约1.5 cm×3 cm,厚度以透过血膜可看见字迹为限。选择骨髓小粒部分制作涂片,骨髓量不宜过多。此外,因骨髓液中纤维蛋白含量过高,凝固较快,所以涂片过程要快。骨髓不可用草酸盐抗凝,否则会使血细胞核变形,核染色质致密,胞浆空泡形成,出现草酸盐结晶。

检查时应考虑通常体积大的细胞分布于涂片的上下边缘及尾部,计数时应从体尾交接处开始迂回向尾部移动。

2. 染色

选用瑞氏(Wright)和姬姆萨(Giemsa)混合染色。具体方法是:髓片两端用蜡笔画线,加3～5滴染液于涂片上,静止1 min,然后加5～10滴磷酸盐缓冲液,使两液混匀,10～15 min,再用水冲洗髓片,冲洗时平放玻片,缓缓用流水冲洗,待干镜检。

(三)注意事项

(1)涂片要新鲜,涂片后应立即染色,如有特殊情况,一般不超过1周。否则,细胞蛋白质变性,使染色偏碱。

(2)染色时间与气温、细胞增生、染液性能均有关，故染色时应密切在显微镜下观察，待颗粒清楚、浆核分明、着色满意后才终止染色，冲洗晾干待检。

(3)染色过深可用瑞氏-姬姆萨混合液加于涂片上马上冲洗，染色过浅可重染，先加缓冲液，再加染色液，混合后复染到需要的深度。

四、脑脊液样品的处理及注意事项

(一)标本的处理

(1)标本送检必须及时，并应立即检验。久置可使细胞破坏，影响细胞计数及分类检查，葡萄糖分解使含量降低，病原菌破坏或溶解等。

(2)细胞计数管应避免标本凝固。遇高蛋白标本时，可用EDTA盐抗凝。

(二)注意事项

(1)脑脊液的检查方法有很多，主要包括：一般性状检查、潘氏(Pandy)球蛋白定性试验、细胞计数、真菌检查——新形隐球菌检查、脑脊液分光分析法检查等，要针对不同的检查目的和检查原理而采取相应的检查方法。

(2)对脑脊液进行细菌学检验应须做直接涂片镜检和培养，染色方法为革兰染色。

五、消化液样品的处理及注意事项

(一)标本处理

(1)采取胆汁标本后，应迅速送检，并应尽快检查完毕，以免有形成分破坏。

(2)唾液标本收集，所用容器必须加盖，收集的唾液勿污染容器外。

(二)注意事项

(1)作大动物胃液检查时通常先将晨间空腹残余胃液抽空弃去，并将连续的胃液放入瓶内，作为一个标本计胃液量。用酸度计准确测定氢离子浓度(也可用pH纸测定，或做胃酸浓度滴定)。

(2)大动物胃酸浓度滴定：取澄清胃液5 mL，加0.02%苯酚磺指示剂(苯酚磺酞50 mg加0.01 mol/L氢氧化钠1.4 mL，研磨溶解，加蒸馏水至250 mL)2滴，如呈黄色，则表示有胃酸存在。用0.1 mol/L氢氧化钠溶液滴至粉红色为止(终点pH 7.0)，所耗去氢氧化钠毫升数乘20，即为胃酸浓度(mmol/L)。

(3)检验完毕后的标本及容器应煮沸30～40 min消毒，不能煮沸的容器可用5%苯酚或2%来苏儿溶液消毒后才能用水冲洗。

六、显微病理检查组织样品的处理

(一)组织切片制作过程中的技术操作

1.取材与固定

固定是用化学药品把组织原来的结构保存下来，以便观察研究之用，固定剂同时具有硬化细胞组织的作用，使制片便于进行。取材是根据实验的目的和要求及病变程度而合理取得组织材料。常用的固定方法包括：蒸气固定法，注射、灌注固定法。组织固定液分为：①简单固定液，包括：甲醛、乙醇、醋酸、氯化汞、苦味酸、重铬酸钾、铬酸、丙酮、三氯醋酸；②混合固定液：中型甲醛液、乙醇-甲醛液(A-F液)、Carnory液、Bouin液、Zenker液等。

2. 洗涤与脱水

洗涤是把渗入组织中的固定剂洗去，防止染色中的结晶产生。脱水是驱除组织中的水分，以利于透明和浸蜡。常使用的脱水剂：①乙醇（alcohol，酒精），沸点 78.4℃，为最常用的脱水剂；②丙酮（acetone），沸点为 56℃；③正丁醇（N-Butyl-alcohol），为无色液体，沸点 100～118℃，微溶于水，在 100 m 水中能溶 8.3 g，故脱水能力较弱；④叔丁醇（tertiary butyl-alcohol），是异丁醇的一种，无毒，熔点为 25℃（用时可放在温箱内），可与水、乙醇、二甲苯等混合；⑤环己酮（cyclohexanone），沸点为 140℃，冰点－40℃，比重与水相似，无毒，可与苯、二甲苯、氯仿等有机溶剂混合，也为石蜡溶剂；⑥松脂醇，为无色溶液或低熔点透明结晶，有花香，几乎不溶于水，但溶于醇和醚；⑦二氧杂环陆烷，简称二氧陆环（dioxan），沸点 101℃，为无色液体，易挥发，可与水、乙醇、二甲苯、石蜡、树胶混合，并为石蜡溶剂。

3. 透明与浸蜡（透蜡）

脱水后的组织中水分已被透明剂所代替，而有利于浸蜡。浸蜡的目的是使组织有一定的硬度而有利于切片和细胞组织保持一定的生活时状态。

4. 包埋与切片

用石蜡和其他包埋剂（原用作组织填充剂者，即用其作包埋剂）将组织包绕一定的形状以便于切片。将包埋好的组织块用切片机切成一定的厚度（以 μm 计）。

5. 贴片（展片、捞片）和染色

将已切妥的切片在温水中展平整后用载玻片贴上，稍晾干后再烤片。染色可使细胞和组织被染上不同的颜色而产生一定的折射率，便于显微镜观察。

6. 封片

切片染色后用胶类物质将其封固，以利于长期保存。

（二）组织取材注意事项

1. 材料新鲜

最好是动物的心脏还在跳动时取材，立即投入固定液内。脏器的上皮组织易变质，应争取在死后 30 min 内处理完毕。

2. 组织块力求小而薄

脱水包埋组织块厚度不超过 3 mm。

3. 勿使组织块受挤压

切取组织块用的刀、剪要锋利，切割时不可来回挫动。夹取组织时，切勿猛压，以免挤压损伤组织。取材时，组织块可稍大一点，以便在固定后，将组织块的不平整部分修去。

4. 尽量保持组织的原有形态

新鲜组织经固定后，或多或少会产生收缩现象，有时甚至完全变形。为此可将组织展平，以尽可能维持原形。对神经、肌肉、皮肤组织等，则可将其两端用线扎在木片上或硬纸片上固定。

5. 选好组织块的切面

应熟悉器官组织的组成并据此决定其切面的走向。纵切或横切根据观察目的而定。

6. 保持材料的清洁

组织块上如有血液、污物、黏液、食物、粪便等，先用生理盐水洗，然后再入固定液。

7.切除(清除)不需要的部分

特别是组织周围的脂肪等,应尽可能清除掉,以免影响以后的程序和观察。

七、超微结构病理检查组织样品的处理

(一)超薄切片方法

1.组织取材与固定方法

取材时应特别注意组织的新鲜,要防止动物及外检、尸检组织人为地不及时固定现象。对于实验动物,一般取材前用1%戊巴比妥钠水溶液腹腔注射进行麻醉,注射量为0.005 mL/g体重,然后迅速取2 mm×2 mm×3 mm组织,立即投入载玻片上的冷固定液中。经过固定液的浸泡后,再用双面刀片将组织切成1 mm的长条,再横切成1 mm^3 的小块,用镊子轻轻夹人盛有3 mL冷固定液的青霉素瓶中充分固定。外组织也应做到及时取材和固定。但尸检有时未能及时解剖,难以保持组织的新鲜。为了做超薄切片,应尽可能及时取材固定,可作为与其他切片和染色的对照诊断与研究用。

组织固定是非常重要的环节。配制固定液应选用优质化学试剂,常需使pH值为7.0～7.4,固定温度一般在4℃以下,固定时间可根据组织的渗透力不同,需摸索出适合于自己工作室的时间,但多数组织为0.5～2 h。少数组织可根据性质不同,则应适当缩短或延长时间,以及求得到较好的效果。

2.常用电镜固定液

(1)2.5%戊二醛磷酸缓冲液固定液。

(2)2.5%戊二醛二甲砷酸钠缓冲液固定液。

(3)多聚甲醛-戊二醛混合固定液。

(4)锇酸固定液。

3.组织固定后的洗涤

组织经锇酸固定后,可作短时间双蒸水冲洗,或不冲洗而直接进行脱水。但是脱水过程中用钠盐作快染时,必须有稍长时间的冲洗(不少于20 min),以除去多余的锇酸,以免出现沉淀,影响染色程度。

经醛类溶液固定后,必须将组织内的醛完全洗去,否则将减弱锇酸的固定作用。冲洗液一般采用配制固定液的同系列缓冲液。为了维持等渗,可在缓冲液中加等渗量的蔗糖或其他盐类。冲洗时间一般为3 h以上,需多次更换新液。缓冲液可作为保存液。

4.组织脱水

组织固定后经洗涤完毕,必须进行充分脱水。一般从50%浓度开始,其时间可按石蜡切片的最低时间脱水处理。如果脱水不充分,可造成包埋时组织内部树脂不聚合,而形成各种各样的人工假象。

用乙醇脱水时的最后两步骤,必须用内酮脱水,以利于组织的浸透和包埋。

5.浸透和包埋

浸透就是将组织放在包埋液中,让包埋液充分渗透到组织中去。为了保证充分浸透,在脱水时,就要选用一种能够与包埋液互溶的脱水剂。常用的包埋方法有:

(1)环氧树脂812包埋法。

(2)环氧树脂618包埋法。

6. 组织切片

组织切片制备包括组织块修整、铜网及其清洗、支持膜的制备等工作内容。

(二)超薄切片染色

电镜下被观察的组织,其反差(黑白对比)是很差的,为了提高切片的反差度,经常对切片或组织块进行染色。染色的目的是为了增加反差,一般都用重金属与组织中某些成分结合或被吸附来达到染色目的。重金属的原子对电子束形成散射,从而提高了图像的反差度。常用的染色方法有下列几种:

1. 整块染色法

(1)醋酸铀染色法。

(2)磷钨酸染色法。

2. 切片染色方法

(1)醋酸铀染色法。

(2)铅染色法:包括 Reynold 法、Vemable-Coggeshall 法。

第三节　标本采集与检测的日常管理

一、管理制度的制定与 SOP 的建立

为保证实验顺利进行,为加强实验室的科学化、系统化、标准化管理,应切实做好实验室管理制度的制定以及建立行之有效的相关 SOP 等工作。制定的管理制度和建立的 SOP 应包括以下内容:

(1)进入实验室管理规定;

(2)安全操作规定;

(3)仪器设备的管理规定;

(4)试剂管理规定;

(5)样本的采集及处理规定;

(6)样本的保管规定;

(7)实验器材的洗涤、包装及灭菌规定;

(8)常用仪器校正基本要求;

(9)质量控制要求;

(10)实验室卫生制度;

(11)岗位职责的制定;

(12)各类检测工作 SOP 等。

二、检测原始记录的存档

原始数据及原始记录是检测工作中各环节结果的真实记载,必须做到规范、准确、完整。各个环节的检测工作完成后必须填写相应的原始记录,要做到内容详细、项目齐全、格式规范、实事求是,从事具体工作人员应签字,经单位主管领导批准后签发、存档。

原始记录应交审核人员进行审核,审核人员不仅要对检测结果进行校对,还应对检测工作

及结果的真实性负责。检测原始记录、检测结果等不准作为个人资料私自保存，更不准私自外借。检测原始记录、检测结果等不允许无关人员和单位随意查阅，如确实需要查阅，由主管领导批准后方可在有监督的状况下进行查阅。存档的检测原始记录、检测结果应一定期间内进行整理。保存期一般不低于2年。

三、病理组织样品的保存

将采集的组织样品进行修整后应立即浸泡在95%酒精或10%的中性甲醛缓冲固定液内固定。固定液容积应是组织块体积的10倍以上，样品密封后加贴标签即可送往实验室。若短期内不能进行检验，或不能在2 d内送出，经24 h固定后，最好更换一次固定液，以保持固定效果。

通常将一只动物的组织样品放在同一容器内。也可将多数目的动物样品放在一较大的容器内，但必须用纱布分别包好并附上用铅笔书写的标签。

用于存放病理组织样品的房间或实验室应有一定的温湿度要求，保存的样品要摆放整齐、标志清楚。从事样品保管的工作人员必须对样品的状态及安全工作负责。保存的样品不允许私自外送，确实需要第三方鉴定的，应在主管领导同意后方可进行，并签署相应证明单据。一般情况下，检测完毕的病理组织样品的保存期为5年，有特殊要求的则按要求处理。超过保存期限的样品必须在主管领导的批准下方可进行无害化处理。

第六章　实验动物的镇痛与麻醉

麻醉是指用药物或非药物方法使机体或机体一部分暂时失去感觉，以达到无痛的目的，多用于手术或某些疾病的治疗。实验动物麻醉作为保证实施手术操作成功及完成科研项目全过程数据收集的关键环节，是临床手术及科研项目研究过程中必不可少的。

第一节　概　　述

一、麻醉的发展简史

近代麻醉学始于1846年。美国波士顿麻省总医院 William Morton 医师将乙醚首次成功地用于临床麻醉，开创了近代麻醉学的新纪元，并促进了外科、妇产科等手术学科的发展。经历了150多年的沧桑巨变，麻醉学已经发展为一门具有扎实基础理论和丰富临床实践经验的现代新兴学科。

我国麻醉学起步较晚，仅有50多年的历史，从20世纪五六十年代起步，经历了80年代的发展，至90年代学科水平已有明显提高。在几代人的努力下，我国麻醉学已在医教研方面取得了巨大成就。1989年1月，卫生部12号文件将麻醉学确定为二级临床学科，促进了学科的迅速发展，有些医院麻醉科在仪器设备、医疗水平和人才培养方面已逐步接近发达国家的水平。当代麻醉学包括临床麻醉、急救复苏、重症监测和疼痛治疗四大部分，随着电子科技和计算机技术的发展与应用，以及相关学科如药理学、生理学、免疫学、分子生物学和外科手术技术的进步，麻醉学已有许多重大变革，如智能麻醉机、高级呼吸机、全能监护仪、新型静脉麻醉药物、可控性麻醉药物给予技术、信息化管理系统等正不断投入临床使用，提高了麻醉质量，保障了病人安全。

对实验动物进行麻醉的目的是，消除实验过程中引起的痛苦和不适，确保实验动物和操作人员的安全及动物实验的顺利进行，只有这样研究的结果才是准确、可靠的。麻醉在实验动物研究中也在不断推广应用，已经在犬、猴、兔等多种常用实验动物中使用，并针对不同的品种、日龄、生理状态和实验目的摸索出一套可靠、实用的麻醉方法。

二、麻醉的风险

由于实验动物品种之间存在差异，结合不同的实验目的、实验动物种类、日龄及健康情况等因素进行综合考虑，决定选用的麻醉方法和麻醉剂。但是，仍不可避免地会发生一些紧急情况，比如在实验进行中因麻醉方法选择不合适或麻醉过量可导致动物血压急剧下降甚至测不到，呼吸不规则甚至呼吸停止、心脏停搏等临床死亡症状。

这就要求在实验动物麻醉过程中特别注意各种麻醉药的剂量和给药途径，应准确按体重计算麻醉剂量，由于动物存在个体差异，文献介绍的剂量仅能作为参考。在麻醉药物注射时，应缓慢，并随时观察动物的肌肉紧张性、角膜反射、呼吸频率、夹痛反应等指标。动物麻醉后体温下降，要注意保温。一旦麻醉过量，应根据不同情况，及时采取措施。

第二节 全身麻醉

全身麻醉是利用麻醉药物对中枢神经系统产生暂时的抑制作用，使动物丧失意识而不感疼痛，但是仍保持延髓（呼吸、心血管运动中枢）和平滑肌组织的功能。这种麻醉称为全身麻醉。

根据麻醉药物进入体内的途径不同，全身麻醉又可分为吸入性麻醉和非吸入性麻醉。

一、吸入性全身麻醉药物及给药方法

吸入性麻醉是将挥发性液体麻醉药或气体麻醉药经呼吸道吸入体内，从而产生麻醉作用的方法。常见的药物有安氟醚、异氟醚、氧化亚氮等。吸入性麻醉药的特点是安全范围大，肌肉能完全松弛，对肝和肾的毒性较小，麻醉的诱导期和苏醒期较短，麻醉深度易于掌握，而且麻醉后恢复比较快。吸入性麻醉剂必须使用带有挥发罐的麻醉机对动物进行麻醉。

（一）安氟醚

安氟醚为无色透明液体，无明显刺激味，化学性质稳定，遇空气、紫外线、碱石灰不分解，对金属、橡胶无腐蚀作用。临床使用浓度不燃、不爆。常用浓度为0.5%～2%，麻醉诱导的短时间内可达4%。安氟醚全麻效能高，强度中等；对中枢神经系统的抑制与剂量有关；对循环系统有抑制作用；对呼吸道无明显刺激，不增加气道分泌，可扩张支气管，较少引起咳嗽、喉痉挛；对呼吸有明显的抑制作用，强于其他吸入性麻醉剂。

不良反应：安氟醚对呼吸、循环的抑制作用较强，应控制吸入浓度，防止麻醉过深；可轻度抑制肾功能。

（二）异氟醚

异氟醚是安氟醚的同分异构体，理化性质与安氟醚相似，但在任何温度下的蒸气压均高于安氟醚。化学性质非常稳定，临床使用浓度不燃、不爆，暴露于日光或与碱石灰接触也不分解，不腐蚀金属，有轻微刺激气味。常用浓度为0.5%～1.5%，麻醉诱导时可达3%。优点是对循环影响小，毒性低；除镇痛作用较差、价格昂贵外，对肝脏、肾脏等实质器官功能影响小，适用性很强。

不良反应：不良反应少而轻，但过量仍可引起呼吸、循环衰竭；对呼吸道有一定的刺激性，诱导期可有咳嗽、屏气。

（三）氧化亚氮

氧化亚氮俗名笑气，为无色、带有甜味、无刺激性的气体，常温常压下为气态，通常在高压下为液态贮于钢瓶中以便运输。无燃烧性，化学性质稳定，与碱石灰、金属、橡胶等均不起反

应。氧化亚氮在血液中溶解度很低,故诱导、苏醒均很迅速。镇痛作用很强,全麻效能低,一般与含氟全麻药合用。优点是毒性低、镇痛作用强;诱导和苏醒快;无刺激性和可燃性;对肝、肾、胃肠道无明显副作用。

不良反应:氧化亚氮是唯一能吸入高浓度的全麻药,诱导期可达 80%,容易发生缺氧现象。

许多因素影响各种吸入麻醉药的效能和效价。各药的效能由最小肺泡气浓度(MAC)来反映。MAC,即钳夹动物趾头,50%动物不发生痛反应时肺泡麻醉药的浓度。MAC 越小,麻醉药的效能越大。不同吸入麻醉药的诱导和维持浓度见表 6-1。

表 6-1 不同吸入麻醉药的诱导和维持浓度

麻醉药	诱导浓度/%	维持浓度/%	MAC(大鼠)
安氟醚	3～5	1～3	—
异氟醚	4	1.5～3	1.38
氧化亚氮	—	—	250

二、非吸入性全身麻醉药物、给药途径及给药方法

非吸入麻醉是将某种全身麻醉药通过皮下、肌肉、静脉或腹腔等途径注入动物体内而产生麻醉作用的方法。其特点是操作简便,不需要特殊的麻醉装置,一次给药可维持较长时间,麻醉过程较平稳,动物无挣扎现象,因此是目前临床上常用的麻醉方法。缺点是苏醒较慢,麻醉深度和使用剂量较难掌握。常用药物包括巴比妥类的衍生物,如苯巴比妥钠、戊巴比妥钠和硫喷妥钠等,还有氯胺酮、芬太尼、水合氯醛等。根据麻醉药进入体内的途径不同,分为静脉内麻醉、肌肉内麻醉、内服麻醉、直肠内麻醉、腹腔内麻醉等。

(一)苯巴比妥钠

苯巴比妥钠作用持久,应用方便,在普通麻醉用量情况下对于动物呼吸、血压和其他功能无多大影响。通常在实验前 0.5～1 h 用药。使用剂量及方法:犬、猫腹腔注射 80～100 mg/kg 体重,静脉注射 70～120 mg/kg 体重;兔腹腔注射 150～200 mg/kg 体重;鸽肌肉注射 300 mg/kg 体重。

(二)戊巴比妥钠

戊巴比妥钠为中效巴比妥类药物。一次给药的麻醉有效时间可延续 3～5 h,十分适合一般实验要求。给药后对动物循环和呼吸系统无显著抑制作用,用时配成 1%～3%生理盐水溶液,静脉或腹腔注射后很快就可进入麻醉期。使用剂量和方法:犬、猫、兔静脉注射 30～35 mg/kg 体重,腹腔注射 40～45 mg/kg 体重,皮下注射 40～50 mg/kg 体重;鼠类静脉或腹腔注射 35～50 mg/kg 体重;鸟类肌肉注射 50～100 mg/kg 体重。

(三)硫喷妥钠

硫喷妥钠为淡黄色粉末,有硫臭,易吸水,装在安瓿瓶中保存。其水溶液不稳定,故必须在临用时配制,常用浓度 1%～5%。其配制溶液在 0～4℃冰箱中保存,可置 7 d,在室温则只可保存 24 h。此药静脉注射,药液迅速进入脑组织,诱导快,动物很快麻醉,但苏醒也很快,一次

给药的麻醉时效仅维持 30～60 min。在时间较长的实验过程中，可重复注射，以维持一定的麻醉深度。此药对胃肠道无副作用，但对呼吸有一定抑制作用，注射时必须缓慢。使用剂量和方法：犬、猫静脉注射 20～25 mg/kg 体重；兔静脉注射 7～10 mg/kg 体重，静脉注射速度以 15 s 注射 2 mL 左右进行；小白鼠 1%溶液腹腔注射 0.1～0.3 mL/只，大白鼠 0.6～0.8 mL/只。

(四)巴比妥钠

使用剂量和方法：犬静脉注射 225 mg/kg 体重；猫、兔腹腔注射 200 mg/kg 体重；鼠皮下注射 200 mg/kg 体重；鸽腹腔或肌肉注射 182 mg/kg 体重。

(五)迪施宁(丙泊酚注射液)

迪施宁为静脉全麻药，用于麻醉和镇静的诱导与维持。迪施宁注射液常可辅助用于脊髓和硬膜外麻醉，并与常用的术前用药、神经肌肉阻断药、吸入麻醉药和止痛药配合使用。使用剂量和方法见表 6-2。

表 6-2　迪施宁注射液使用剂量和方法

合并给药方法	添加或稀释液	制备方法	剂量
用前混合均匀	5%葡萄糖静脉注射液	可以将 1 份迪施宁与少于 4 份的 5%葡萄糖注射液混合(V/V)，若需在 PVC 袋中混合的，先从满袋的输液中抽出一定量的注射液，然后加入等量的丙泊酚	犬：5～7.5 mg/kg 体重；猪：2.5～3.5 mg/kg 体重；灵长类：7.5～12.5 mg/kg 体重
用前混合均匀	0.5%或 1%盐酸利多卡因注射液(无防腐剂)	20 份丙泊酚与少于 1 份的 0.5%或 1%盐酸利多卡因注射液混合(*V/V*)	
通过 Y 管合并给药	5%葡萄糖静脉注射液	通过 Y 管联结给药	
通过 Y 管合并给药	0.9%氯化钠静脉注射液	通过 Y 管联结给药	
通过 Y 管合并给药	4%葡萄糖盐水(含 0.18%氯化钠)注射液	通过 Y 管联结给药	

(六)氯胺酮

氯胺酮为苯环己哌啶的衍生物，溶于水，微溶于乙醇，pH 3.5～5.5。该麻醉剂注射后可以很快使动物进入浅睡眠状态，但不引起中枢神经系统深度抑制，一些保护性反射仍然存在，所以，麻醉的安全性相对较高，是一种镇痛麻醉剂。它主要是阻断大脑联络路径和丘脑反射到大脑皮质各部分的路径，一般多用于犬、猫等动物的基础麻醉和啮齿类动物的麻醉。本品能迅速通过胎盘屏障，影响胎儿，所以应用怀孕的动物时必须慎重。

(七)水合氯醛

水合氯醛的作用特点与巴比妥类药物相似，能起到全身麻醉作用，是一种安全有效的镇静催眠药。其麻醉量与中毒量很接近，所以安全范围小，使用时要注意。其副作用是对皮肤和黏膜有较强的刺激作用。

(八)其他非吸入麻醉药

军事医学科学院军事兽医研究所研制的实验动物麻醉剂新药速眠新(846 合剂)和吉林大学动物医学院研制的速麻安 2 号注射液可以使动物平稳进入麻醉状态,产生强效中枢性镇静、镇痛和肌肉松弛作用,在实验动物外科手术中应用广泛。不同动物的全身麻醉剂用量与用法见表 6-3。

表 6-3　速眠新和速麻安 2 号的用法和用量

麻醉药名称	动物	给药途径	给药剂量/(mL/kg)	维持时间
速眠新	普通家犬	i. m	0.1～0.15	动物平稳进入麻醉状态,麻醉诱导期和苏醒恢复期无兴奋现象。注射后 5～10 min 产生强效中枢性镇静、镇痛和肌肉松弛作用。麻醉期可达 3～4 h。本品中毒或术后催醒可中速静脉注射与速眠新等容的苏醒灵 4 号注射液
	Beagle 犬	i. m	0.04～0.08	
	猴	i. m	0.1～0.2	
	猫	i. m	0.3～0.5	
	兔	i. m	0.2～0.3	
	大鼠	i. m	0.05～0.1	
	小鼠	i. m	0.005～0.01	
速麻安 2 号	犬	i. m	0.03～0.05	麻醉时间可达 40～50 min,麻醉过量或者中毒时可用等量的特效拮抗剂苏醒解救
	兔、鸡	i. m	0.1～0.15	
	大鼠	i. m	0.08～0.15	
	小鼠	i. m	0.01/20 g	

注:i. m,肌肉注射。

不同动物的全身麻醉剂用量与用法,见表 6-4 至表 6-7。

表 6-4　犬常用麻醉注射药

药物	剂量及用法	作用	麻醉时间/min	睡眠时间/min
α-氯醛糖	80 mg/kg,iv	浅麻醉	360～600	持续睡眠
氯胺酮/美托咪定	2.5～7.5 mg/kg,im+40 μg/kg,im	中度麻醉	30～45	60～120
氯胺酮/塞拉嗪	5 mg/kg,iv+1～2 mg/kg,iv	中度麻醉	30～60	60～120
甲乙炔巴比妥	4～8 mg/kg,iv	外科麻醉	4～5	10～20
戊巴比妥	20～30 mg/kg,iv	外科麻醉	30～40	60～240
异丙酚	5～7.5 mg/kg,iv	外科麻醉	5～10	15～30
硫戊巴比妥	10～15 mg/kg,iv	外科麻醉	5～10	15～20
硫喷妥钠	10～20 mg/kg,iv	外科麻醉	5～10	20～30
乌拉坦	1000 mg/kg,iv	外科麻醉	360～480	持续睡眠

注:iv,静脉注射;im,肌肉注射。

表 6-5 猪常用麻醉注射药

药物	剂量/(mg/kg),用法	作用	麻醉时间/min	睡眠时间/min
阿法沙龙/阿法多龙	6,im,然后 2,iv	制动,外科麻醉	5～10	10～20
阿扎哌隆＋美托咪酯	5,im＋3.3,iv	浅中度麻醉	30～40	60～90
氯胺酮	10～15 im	镇静,制动	20～30	60～120
氯胺酮/乙酰普吗嗪	22,im＋1.1,im	浅麻醉	20～30	60～120
氯胺酮/地西泮	10～15,im＋0.5～2,im	制动/浅麻醉	20～30	60～90
氯胺酮/美托咪定	10,im＋0.08,im	制动/浅麻醉	40～90	120～240
氯胺酮/咪唑安定	10～15,im＋0.5～2,im	制动/浅麻醉	20～30	60～90
甲乙炔巴比妥	5,iv	外科麻醉	4～5	5～10
戊巴比妥	20～30,iv	外科麻醉	20～30	60～120
异丙酚	2.5～3.5,iv	外科麻醉	5～10	10～20
硫戊巴比妥	6～9,iv	外科麻醉	5～10	10～20
替来他明	2～4,im	制动	20～30	60～120
	6～8,im	浅麻醉	20～30	90～180
替来他明＋赛拉嗪	2～7,im＋0.2～1,im	浅中度麻醉	30～40	60～120

注:iv,静脉注射;im,肌肉注射。

表 6-6 灵长类实验动物常用麻醉注射药

药物	剂量/(mg/kg),用法	作用	麻醉时间/min	睡眠时间/min
阿法沙龙/阿法多龙	10～12,iv	外科麻醉	5～10	10～20
	12～18,im	制动,麻醉	10～20	30～50
氯胺酮/地西泮	15,im＋ 1,im	外科麻醉	30～40	60～90
氯胺酮/赛拉嗪	10,im＋ 0.5,im	外科麻醉	30～40	60～120
甲乙炔巴比妥	10,iv	外科麻醉	4～5	5～10
戊巴比妥	25～35,iv	外科麻醉	30～60	60～120
异丙酚	7.5～12.5,iv	外科麻醉	5～10	10～15
硫喷妥钠	15～20,iv	外科麻醉	5～10	10～15

注:iv,静脉注射;im,肌肉注射。

表 6-7 不同动物的全身麻醉剂用量与用法

麻醉剂	动物	给药途径	剂量/(mg/kg)	常用浓度/%	维持时间
戊巴比妥钠	犬、猫、兔	静脉	1.0	3	2～4 h,中途加上 1/5 量,可维持 1 h 以上,麻醉力强,易抑制呼吸
		腹腔、皮下	1.4～1.7	3	
	大、小鼠、豚鼠	腹腔	2.0～2.5	2	
	鸟类	肌肉	2.5～5.0	2	

续表 6-7

麻醉剂	动物	给药途径	剂量/(mg/kg)	常用浓度/%	维持时间
异戊巴比妥钠	犬、猫、兔	静脉	0.8～1.0	5	4～6 h
		肌肉、腹腔	0.8～1.0	10	
		直肠	1.0	10	
	鼠类	腹腔	10	10	
氨基甲酸乙酯(乌拉坦)	犬、猫、兔	静脉、腹腔	2.5～3.3	30	2～4 h,应用安全,毒性小,主要适用小动物的麻醉
		直肠	5.0	30	
	大、小鼠、豚鼠	肌肉	7.0	20	
	鸟类	肌肉	6.3	2.0	
	蛙类	皮下淋巴结	2～3	20	
硫喷妥钠	犬、猫、兔	静脉、腹腔	1.3～2.5	2	15～30 min,麻醉力强,宜缓慢注射,维持注射剂量按情况掌握
	大鼠	静脉、腹腔	5.0～10	1	
巴比妥钠	犬	静脉	1～1.2	20	4～6 h,麻醉诱导期较长,深度不易控制
	猫	腹腔	4.0	5	
		口服	4.0	10	
	兔	腹腔	4.0	5	
	鸽	腹腔、肌肉	6.1	3	
	鼠类	皮下	2	10	
苯巴比妥钠	犬、猫	腹腔、静脉	2.2～3.0	3.5	4～6 h,麻醉诱导期较长,深度不易控制
	兔	腹腔	4.3～6.0	3.5	
	鸽	肌肉	6.0	5	

第三节　局部麻醉

局部麻醉是利用某些药物有选择性地暂时阻断神经末梢、神经纤维以及神经干的冲动传导,从而使其分布或支配的相应局部组织暂时丧失痛觉。其特点是动物保持清醒,对重要器官功能干扰轻微,麻醉并发症少,是一种比较安全的麻醉方法。适用于大、中型动物各种短时间内的实验。

一、局部麻醉药与应用方法

常用的局部麻醉药有盐酸普鲁卡因、盐酸利多卡因和盐酸丁卡因。

(一)盐酸普鲁卡因

盐酸普鲁卡因为对氨苯甲酸酯,是无刺激性的局部麻醉剂,麻醉速度快,注射后 1～3 min 内就可产生麻醉,可以维持 30～45 min。普鲁卡因对皮肤和黏膜的穿透力较弱,需要注射给药才能产生局麻作用,它可使血管轻度舒张,易被吸收入血而失去药效。为了延长其作用时间,常在溶液中加入少量肾上腺素(每 100 mL 加入 0.1%肾上腺素 0.2～0.5 mL)能使麻醉时间延长 1～2 h。常用 1%～2%盐酸普鲁卡因溶液阻断神经纤维传导,剂量应根据手术范围和麻醉深度而定。猫、犬的局部麻醉用 0.5%～1%盐酸普鲁卡因注射。普鲁卡因的副作用:在大量药物被吸收后，表现出中枢神经系统先兴奋后抑制。这种副作用可用巴比妥类药物预防。

(二)利多卡因

利多卡因常用于表面麻醉、浸润麻醉、传导麻醉和硬脊膜外腔麻醉。利多卡因的化学结构与普鲁卡因不同，它的效力和穿透力比普鲁卡因强 2 倍，作用时间也较长。阻断神经纤维传导及黏膜表面麻醉浓度为 1%～2%。

(三)丁卡因

丁卡因化学结构与普鲁卡因相似，但其能穿透黏膜，作用迅速，1～3 min 发生作用，持续 60～90 min。其局麻作用比普鲁卡因强 10 倍，吸收后的毒性作用也就相应加强。3 种常用局部麻醉药特点的比较见表 6-8。

表 6-8　3 种常用局部麻醉药特点的比较

项目	普鲁卡因	利多卡因	丁卡因
组织渗透性	差	好	中等
作用显效时间	中等	快	慢
作用维持时间	短	中等	长
毒性	低	略高	较高
用途	多用于浸润麻醉	多用于传导麻醉	多用于表面麻醉

二、实验中局部麻醉药物及方法的选择

局部麻醉法的发展，给外科手术创造了极为有利的条件。不但简单的小手术，就是较复杂的一些大手术如开腹、胃切开等也可在局部麻醉下进行。有时在全身麻醉过程中往往也需要局部麻醉的配合。

根据给药途径和操作方法的不同，局部麻醉又分为表面麻醉、局部浸润麻醉、区域阻滞麻醉和硬膜外麻醉。

(一)表面麻醉方法

将局部麻醉药滴、涂布或喷洒于黏膜表面，利用麻醉药的渗透作用，使其透过黏膜并阻滞在神经末梢而产生麻醉，称表面麻醉。多用于眼结膜与角膜以及口、鼻、直肠、阴道黏膜的麻醉。做结膜与角膜麻醉时，可用 0.5%丁卡因或 2%利多卡因溶液。做口、鼻、直肠、阴道黏膜麻醉时，可用 1%～2%丁卡因或 2%～4%利多卡因溶液。间隔 5 min 用药 1 次。

(二)局部浸润麻醉方法

将局部麻醉药沿手术切口线皮下注射或深部分层注射，阻滞周围组织中的神经末梢而产生麻醉，称局部浸润麻醉。可按手术需要，选用直线浸润、菱形浸润、扇形浸润、基部浸润等方式。常用 0.25%～1%盐酸普鲁卡因溶液。注意勿将麻醉药直接注入血管，以免产生毒性反应。也可采用低浓度麻醉药，逐层组织麻醉后方可进行手术。麻醉药液浓度小，且随切口流出或被纱布吸走，不易引起机体中毒。为减少药物的吸收和延长麻醉时间，可加入适量的肾上腺素。

(三)区域阻滞麻醉方法

将局部麻醉药，注射到神经干周围，使其所支配的区域失去痛觉而产生麻醉，称为区域阻

滞麻醉。该法可使少量麻醉药产生较大区域的麻醉。常用2%～5%盐酸普鲁卡因或2%盐酸利多卡因。

(四)硬膜外麻醉方法

将局部麻醉药注射到硬膜外腔，阻滞脊神经的传导，使其所支配的区域无痛而产生麻醉，称硬膜外麻醉。其适应症为犬、猫的后肢手术，难产救助以及尾部、会阴、阴道、直肠与膀胱的手术。但在休克、脊柱肿块与骨折、脊髓疾病、腰部感染性皮肤病时禁用。注射部位于L7～S1，S3～Cy1，Cy1～2。犬、猫的硬膜外腔麻醉，以腰、荐椎间隙最为常用。犬、猫麻醉，伏卧于检查台上，动物两后肢向前伸曲并被一助手固定，腰背弓起。其注射点位于两侧髂骨翼内角横线与脊柱正中轴线的交点，在该处最后腰椎棘突顶和紧靠其后的相当于腰荐孔的凹陷部。穿刺部剪毛、消毒后，以大约45°角向前方刺入套管针头，可感觉弓间韧带的阻力，至感觉阻力突然消失。证实刺入硬膜外腔后，抽出针芯，缓慢注入麻醉药液。常用2%盐酸利多卡因、2%卡波卡因、0.5%布比卡因。按动物枕部至腰荐部的长度，使用剂量为0.3～0.5 mL/10 cm，相当于每千克体重0.15～0.2 mL。其有效麻醉时间分别为60 min、120 min和180 min。犬、猫的最大剂量分别为6 mL和1 mL。

第四节　常用复合麻醉方法

在实验动物临床实践中，对于较简单的手术或者病情较轻的动物，往往只采用单一的麻醉方法即能取得较好的麻醉效果。然而，对于较复杂的手术，单一的麻醉方法往往难于达到目的，故多采用复合麻醉的方法。

一、局部麻醉的复合

在神经传导阻滞麻醉或椎管内麻醉时，为了增强麻醉效果，可采用复合局部浸润麻醉。另外，为了避免某种局部麻醉药的毒性作用，可同时应用两种麻醉药的混合溶液，以便充分利用各自不同的药理特性，相互弥补其不足。既能使麻醉效果迅速出现，又能延长麻醉作用时间；既能增强麻醉效果，又能降低其毒性作用。例如，用盐酸普鲁卡因和丁卡因混合溶液或者盐酸普鲁卡因和利多卡因混合溶液等。

二、局部麻醉和全身麻醉的复合

此法是在局部麻醉前，先进行肌肉内注射硫喷妥钠；或在全身麻醉后，再进行局部麻醉。如在全身麻醉下进行胸腔、腹腔或其他手术时，在敏感区施行局部浸润麻醉或神经传导阻滞麻醉，以减少刺激向中枢神经的传导。

三、全身麻醉的复合

全身麻醉的复合方法较多，常应用于动物医学临床，其方法包括气管内吸入麻醉剂＋肌肉或静脉注射麻醉剂的复合、经静脉给入两种或两种以上麻醉剂的复合、静脉给入麻醉剂＋肌肉松弛剂的静脉复合麻醉等。全身麻醉的复合药物较多，常用的吸入麻醉剂有安氟醚、异氟醚、氧化亚氮等(吸入浓度及用法见表 6-1);常用的静脉麻醉药物有安神镇静类、镇痛类、肌肉松弛类等。

肌肉松弛药在全身麻醉时的复合应用,是临床上较广泛应用的方法。肌肉松弛药不仅可使肌肉松弛,便于麻醉和手术操作,而且可减少全身麻醉药的用量,降低全麻药对机体的不良影响,增加麻醉和手术的安全性。因此,即使是在浅麻醉下,也可完成复杂的手术。

肌肉松弛药可分为非去极化药物、去极化药物和双向作用药物。非去极化药物作用在神经终板,与运动终板膜的胆碱受体结合,阻止了随正常神经冲动所释放的乙酰胆碱对运动终板所起的去极化作用,因而肌肉呈松弛状态。常用药物有筒箭毒碱、琥珀酰胆碱等。

去极化药物如氯化琥珀酰胆碱,其作用则类似乙酰胆碱,可使神经终板的去极化作用延长,肌肉先抽搐后麻痹松弛。

双向作用药物如氨酰胆碱,开始是出现去极化作用,而后出现非去极化作用。肌肉松弛作用既迅速又持久。

"神经安定镇痛术"简称 NLA,是近来常用的一种复合麻醉法。用神经安定药氟哌啶和镇痛药芬太尼,按照 50∶1 的比例混合起来的一种合剂,称氟芬合剂。NLA 是将该合剂与其他全身麻醉药(如氧化亚氮等)进行复合麻醉的一种方法。

第五节　麻醉的复苏与意外事故的处理

在动物麻醉过程中,剂量掌握十分重要。麻醉过深会导致动物死亡,过浅又不能获得满意的麻醉效果,麻醉时可以参考以下判定指标(表 6-9)。

表 6-9　麻醉深度判定指标

项目	浅麻醉	中麻醉(最佳麻醉)	深麻醉
呼吸方式	不规则(由痛反射呼吸数可增加)	规则的胸腹式呼吸,呼吸数、换气量减少	腹式(横膈膜)呼吸,换气量明显减少
循环系统表现	频低,血压下降(由痛反射可致心搏数增加)	血压、心搏数一定	心搏数减少,血压下降
眼的表现	有眼球运动,眼睑、对光反射眼球向内下方,瞳孔收缩,结膜露出,流泪	眼球置中央或靠近中央,眼睑反射迟钝,对光反射亦迟钝,瞳孔稍开大	眼睑对光,角膜反射消失,瞳孔散大,角膜干燥
口腔反射	咽下、咽喉头反射尚有	无	无
肌松弛	有	腹肌明显	腹肌异常运动
其他表现	流涎、出汗,分泌多,排便、排尿	内脏牵引引起的迷走神经反射、收缩反射消失	

实验或手术过程中,由于动物个体对药物耐受性的不同或其他原因而导致过量麻醉,其临床表现明显,应及时采取复苏和抢救措施,急救方法是根据具体情况,采取对症治疗的措施。对犬、兔、猫常用的急救措施有以下几种。

1. 针刺

针刺人中穴对抢救兔效果较好。对犬用每分钟几百次频率的脉冲电刺激膈神经效果较好。

2. 注射

注射强心剂：可以静脉注射 0.1% 肾上腺素 1 mL，必要时直接作心脏内注射。当动物注射肾上腺素后，心脏起搏心跳无力时，可从静脉或心腔内注射 1% 氯化钙 5 mL。

注射呼吸中枢兴奋药：可从静脉注射尼可刹米，每只动物一次注射 25% 的尼可刹米 1 mL。

注射高渗葡萄糖液：一般常采用经动物股动脉逆血流加压、快速、冲击式的注入 40% 葡萄糖溶液。

3. 人工呼吸

可采用双手压迫动物胸廓进行人工呼吸，如有呼吸机，可行气管内插管后，再连接呼吸机进行辅助呼吸。一旦见到动物自动呼吸恢复，即可停止人工呼吸。

一、呼吸停止

呼吸停止可出现在麻醉的任何一期。如兴奋期，呼吸停止具有反射性质。在深度麻醉期，呼吸停止是由于延髓麻醉的结果，或由于麻醉剂中毒时组织中血氧过少所致。

(一) 临床症状

呼吸停止的临床主要表现是胸廓呼吸运动停止，黏膜发绀，角膜反射消失或极低，瞳孔散大等。呼吸停止的初期，可见呼吸浅表、频数不等而且间歇。

(二) 治疗方法

必须立即停止进入麻醉药，先打开动物口腔，拉出舌头到口角外，应用 5% CO_2 和 60% O_2 的混合气体间歇性人工呼吸，同时注射温热葡萄糖溶液、呼吸兴奋药、心脏急救药。

(三) 呼吸兴奋药

此类药物作用于中枢神经系统，对抗因麻醉过量引起的中枢性呼吸抑制，常用的有尼可刹米、戊四氮、美解眠(贝美格)等。

(1) 尼可刹米：又名可拉明，人工合成品。直接兴奋呼吸中枢，使呼吸加深加快，安全范围较大，适合于各种原因引起的中枢性呼吸衰竭。每次用量 0.25～0.5 g，静脉注射。大剂量使用可致血压升高、心悸、心率失常、肌颤等。

(2) 戊四氮：为延髓兴奋药，选择性直接作用，能兴奋呼吸及血管运动中枢，对抗巴比妥类及氯丙嗪等药物过量所致的中枢性呼吸衰竭，对呼吸中枢作用迅速而有力，是呼吸中枢抑制的急救药。每次用量 0.1 g，静脉注射或心内注射。可以重复使用，但大剂量可导致惊厥。

(3) 美解眠：与戊四氮相似，作用较短，安全范围较戊四氮宽。主要用于巴比妥类和水合氯醛中毒的解救。每次用量 50 mg，静脉缓慢注射。过量使用可引起肌肉抽搐和惊厥。

二、心跳停止

在吸入麻醉时，麻醉初期出现的反射性心跳停止，通常是由于剂量过大的原因。还有一种情况，就是手术后麻醉剂所致的心脏急性变性，心功能急剧衰竭所致。

(一)临床症状

呼吸和脉搏突然消失,黏膜发绀。心跳停止的到来可能无预兆。

(二)治疗方法

立即停止进入麻醉药物,未气管内插管的应立即插管。吸入麻醉的应通过气囊排出气体麻醉剂,以便减浅麻醉;静脉麻醉的将麻醉药倒掉并换成盐水或葡萄糖等液体维持静脉通道。同时迅速采取心脏按压并注射心脏抢救药。心脏按压方法:即用掌心(小动物用指心)在心脏区有节奏地敲击胸壁,其频率相当于该动物正常心脏收缩次数。

(三)心脏抢救药

(1)肾上腺素:用于提高心肌应急性,增强心肌收缩力,加快心率,增加心脏排血量。用于心搏骤停急救,每次 0.5~1 mg,静脉注射、心内或气管内注射。肾上腺素也有一定的复跳作用,用于治疗窦缓、室颤等。氟烷麻醉中毒时禁用。

(2)碳酸氢钠:是纠正急性代谢性酸中毒的主要药物。首次给药用5%碳酸氢钠按 1~2 mL/kg 注射。对于心脏停搏的动物,可于首次注射肾上腺素以后立即静脉给药,因为酸中毒的心肌对儿茶酚胺反应不良。

第六节　镇　　痛

一、镇痛的概念与原理

镇痛,顾名思义为缓解疼痛之意。目前认为有效地缓解实验动物术后疼痛,是术后麻醉苏醒期处理的重要内容之一。疼痛的危害在于:因为制动和肌肉痉挛可以导致肌肉废用和萎缩,而且明显影响水和食物的摄入。

术后给予止痛药治疗,有助于恢复正常活动,常用的镇痛药有非甾体类抗炎药和阿片类止痛药两种。阿片类制剂已被广泛用于动物,根据其相对于特异性阿片受体的激活来分类,临床上最重要的是 μ 和 κ 受体,多数该类药物是 μ 受体的激动剂。

二、疼痛的评价

动物疼痛的研究建立在比较生物学的基础上,其假说基于能引起人类疼痛的情况也会引起动物疼痛。这样,在检查动物时会把有些具体的临床症状解释为疼痛的表现。某些操作会引起人类疼痛,可能并不引起动物疼痛,但它们会表现出似乎与疼痛有关的行为。

疼痛的评价非常重要,因为它不仅支持可以更多地使用镇痛药,而且还在于它要求更为恰当地使用这些药。个体差异对疼痛的反应也不尽相同,因此建立一个简便的疼痛评价方法,可以使止疼药治疗适应于每种动物个体的需求。

关于动物疼痛的评价可以选择以下一些生理变量对特异性动物模型进行衡量。

(1)活动性(activity):疼痛时动物的活动性通常均会减低,表现为大多数试验动物喜欢躲在笼子的角落里;有时动物也会表现出烦躁不安、紧张;动物走动时,其姿势和步态改变,尤其在肢体疼痛时表现最明显。

(2)外观(appearance):动物可能会弓起背躲在角落里,疼痛使梳理活动减少,从而导致皮毛蓬乱、肛门污秽，还会使眼睛、鼻子和嘴周围覆盖一层分泌物。

(3)性情(temperament)：动物体验到疼痛时，性情常发生改变。原先驯服的动物会表现好斗、咬人和抓人，或者原先对饲养员兴趣十足、活泼好动的动物会变得非常淡漠，甚至躲避饲养员，试图挣脱束缚。

(4)声音(vocalization)：急性疼痛可能会引起动物吼叫，触摸疼痛的动物也会引起类似的反应。尖叫是一种异常行为，可能还会伴有撕咬饲养员或逃跑企图。动物疼痛时很少会持续地吼叫，只有犬会持续地嚎叫和呜咽，羊和牛会长声嘶鸣。

(5)饮食(feeding behaviour)：动物感到疼痛时，对水和食物的摄入量会减少，严重疼痛会导致摄食饮水的完全停止。饮食减少引起脱水，在临床上表现为皮肤弹性丧失、皮肤易被捏起拉高和黏膜干燥。

(6)生理变化(alteration in physiological variables)：疼痛常可引起呼吸形式和频率的改变。胸部手术后，呼吸幅度减弱现象相当常见。疼痛还会影响心血管系统，导致心率增加。严重的疼痛甚至会引起循环衰竭(休克)，伴有肢端苍白、发冷、外周脉搏减弱。

三、镇痛药的使用

重视术后处理可以显著地增加动物术后苏醒速度，而且术后镇痛有助于缩短术后苏醒时间。常用镇痛药的应用见表 6-10 至表 6-13。

表 6-10 小动物应用非甾体类抗炎药的推荐剂量 mg/kg

药物	小鼠 (mouse)	大鼠 (rat)	豚鼠 (guinea pig)	兔 (rabbit)
阿司匹林 (aspirin)	120 po	100 po	87 po	100 po
卡洛芬 (carprofen)	—	5 sc	—	1.5 po, bid
双氯芬酸(双氯灭痛) (diclofenac)	8 po	10 po	2.1 po	—
氟尼辛 (flunixin)	2.5 sc, q12 h	2.5 sc, q12 h	—	1.1 sc, q12 h
布洛芬 (ibuprofen)	30 po	15 po	10 im, q4 h	10 iv, q4 h
吲哚美辛(消炎痛) (indomethacin)	1 po	2 po	8 po	12.5 po
酮洛芬 (ketoprofen)	—	—	—	3 im
扑热息痛 (paracetamol)	200 po	200 po	—	—
吡罗昔康 (piroxicam)	3 po	3 po	6 po	—

注：qd，每日 1 次；bid，每日 2 次；po，口服；iv，静脉注射；im，肌肉注射；sc，皮下注射。

表 6-11　较大动物应用非甾体类抗炎药的推荐剂量　mg/kg

药物	猪 (pig)	绵羊 (sheep)	灵长类动物 (primate)	犬 (dog)	猫 (cat)
阿司匹林(aspirin)	—	50～100 po,q6～q12 h	20 po,q6～q8 h	10～25 po,q8 h	10～25 po,q48 h
卡洛芬 (carprofen)	2～4 iv 或 sc,qd	—	—	4 sc 或 iv,qd 1～2 bid,po,7 d	4 sc 或 iv
氟尼辛 (flunixin)	1～2 sc 或 iv,qd	2 sc 或 iv,qd	2～4 sc,qd	4 iv 或 im,q12 h 1 po,3 d	2～4 sc,qd 共 5 d
布洛芬 (ibuprofen)				10 po,qd	—
酮洛芬 (ketoprofen)	—	—	—	2 sc,iv 或 im,qd,共 3 d 1 po,qd,5 d	1 sc,qd,3 d 1 po,qd,5 d
扑热息痛 (paracetamol)	—	—	—	15 po,q6～8 h	禁用
吡罗昔康 (piroxicam)	—	—	—	300 μg/kg po,q48 h	—

注:qd,每日 1 次;bid,每日 2 次;po,口服;iv,静脉注射;im,肌肉注射;sc,皮下注射。

表 6-12　小动物应用阿片类镇痛药的推荐剂量　mg/kg

药物	小鼠 (mouse)	大鼠 (rat)	豚鼠 (guinea pig)	兔 (rabbit)
丁丙诺非(叔丁啡) (buprenorphine)	0.05～0.1 sc,q12 h	0.01～0.05 sc 或 iv,q8～12 h 0.1～0.25 po,q8～12 h	0.05 sc,q8～12 h	0.01～0.05 sc 或 iv,q8～12 h
布托啡诺 (butorphanol)	1～5 sc,q4 h	2 sc,q4 h	—	0.1～0.5 iv,q4～6 h
吗啡 (morphine)	2.5 sc,q2～4 h	2.5 sc,q2～4 h	2～5 mg sc 或 im,q4 h	2～5 sc 或 im,q2～4 h
纳布啡 (nalbuphine)	4～8 im,q4 h	1～2 im,q3 h	1～2 iv,im 或 ip	1～2 iv,q4～5 h
喷他佐辛(镇痛新) (pentazocine)	10 sc,q3～4 h	10 sc,q3～4 h	—	5～10 sc,im 或 iv,q4 h
哌替啶 (pethidine)	10～20 sc 或 im,q2～3 h	10～20 sc 或 im,q2～3 h	10～20 sc 或 im,q2～3 h	10 sc 或 im,q2～3 h

注:qd,每日 1 次;po,口服;iv,静脉注射;im,肌肉注射;ip,腹腔注射;sc,皮下注射。

表 6-13　较大动物应用阿片类镇痛药的推荐剂量　mg/kg

药物	猪 (pig)	绵羊 (sheep)	灵长类动物 (primate)	犬 (dog)	猫 (cat)
丁丙诺非(叔丁啡) (buprenorphine)	0.005～0.02 im 或 iv, q6～12 h	0.005～0.01 im 或 iv,q4 h	0.005～0.01 im 或 iv, q6～12 h	0.005～0.02 im,sc 或 iv, q6～12 h	0.005～0.01 sc 或 iv, q8～12 h
布托啡诺 (butorphanol)	—	—	0.01 iv,q3～4 h	0.2～0.4 sc 或 im, q3～4 h	0.4 sc,q4 h
吗啡 (morphine)	0.2～1 im,q4 h	0.2～0.5 im,q4 h	1～2 sc 或 im,q4 h	0.5～5 sc 或 im,q4 h	0.1 Sc,q4 h
纳布啡 (nalbuphine)	—	—	—	0.5～2 sc 或 im,q4 h	1.5～3 iv,q3 h
二氢羟吗啡酮 (oxymorphone)	—	—	—	0.05～0.22 sc 或 iv,q3 h	0.2 sc 或 iv
喷他佐辛(镇痛新) (pentazocine)	2 im 或 iv,q4 h	—	2～5 im 或 iv,q4 h	2 iv 或 im,q4 h	—
哌替啶 (pethidine)	2 im 或 iv, q2～4 h	2 im 或 iv, q2～4 h	2～4 im 或 iv, q2～4 h	10 im,q3 h	2～10 sc 或 im,q3 h

注:qd,每日 1 次;po,口服;iv,静脉注射;im,肌肉注射;ip,腹腔注射;sc,皮下注射。

第七章　常见外科手术

第一节　颌下腺及舌下腺摘除术

一、手术目的

用于研究颌下腺与舌下腺的结构和功能，以及颌下腺或舌下腺功能缺失动物模型的制作。也用于颌下腺或舌下腺肿瘤及疾病的治疗。

二、动物及保定

大鼠、犬、猫和家兔等动物适于该手术。大鼠采用鼠固定板仰卧固定，犬、猫和家兔等大中型动物可采取仰卧或半仰卧方式固定于手术台上。

三、麻醉

根据动物种类不同采取相应的麻醉方法进行全身麻醉。

四、手术方法

犬、猫颌下腺及舌下腺局部解剖位置见图 7-1。

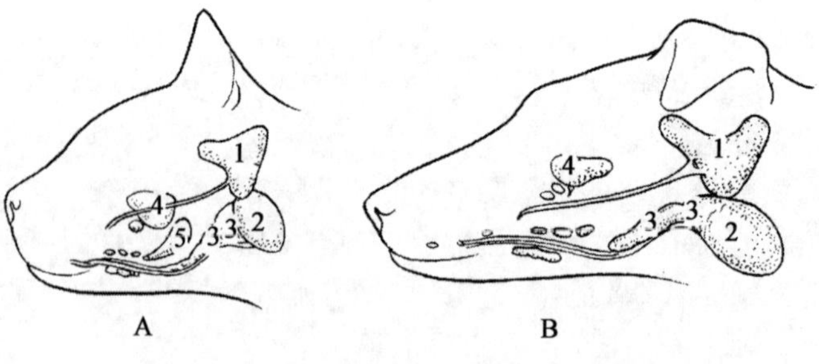

图 7-1　犬、猫颌下腺及舌下腺局部解剖

A. 猫　B. 犬

1. 腮腺　2. 颌下腺　3. 舌下腺　4. 颧腺　5. 臼齿腺(猫)

于下颌支后缘、颈外静脉前方与舌面静脉之间形成的三角区广泛常规剃毛、消毒和隔离，在颌下腺或舌下腺中部切开皮肤(犬、猫切开 4～6 cm)。切开皮下组织、颈阔肌、脂肪，暴露位于舌面静脉和颌外静脉之间的颌下腺或舌下腺。切开覆盖颌下腺或舌下腺的结缔组织囊壁，露出腺体，颌下腺上缘的一部分被腮腺覆盖，前缘内侧与舌下腺结合，两腺体共用一个导管输出分泌液。用组织钳夹住颌下腺后缘并轻轻向头侧牵引，钝性分离颌下腺后缘其下面的组织，双重结扎腮腺动脉分支和上颌下腺动脉并切断，分离整个腺体至二腹肌下面。钝性分离二腹肌和茎突舌骨肌，把腺体经二腹肌下拉向另一侧，再分离覆盖腺导管的下颌骨肌，露出围绕腺导管的舌下神经分支。双重结扎腺导管及舌静脉并切断，摘出腺体。经二腹肌下插入引流管，并使其顶端位于腺导管断端，连续缝合颈阔肌及颌下腺、舌下腺的结缔组织囊壁，缝合皮下组织和皮肤。

五、术后护理

动物麻醉苏醒前，要注意动物的保暖，将未苏醒动物置于干燥而清洁的铺垫物上，注意摆正动物头颈部位置以保持呼吸畅通，及时清除口腔和鼻腔的呕吐物和分泌物，以防误入气管。定期观察记录动物的呼吸、脉搏、体温变化，做好护理记录。术后第 3 天拔除引流管，引流孔作简单消毒处理，让其自然愈合。术后 5～7 d 内全身应用抗生素预防和控制感染。

第二节　气管切开术

一、手术目的

外科手术练习气管切开术。做某些头、颈部手术时，为便于气管插管和吸入麻醉或维持术后呼吸道通畅，需施行气管切开术；开胸手术或上呼吸道施行某些手术时，也需要气管切开术。当上呼吸道急性炎性水肿、鼻骨骨折、鼻腔肿瘤和异物、双侧返神经麻痹，或由于某些原因引起气管狭窄等，使动物产生完全的上呼吸道闭塞、窒息而有生命危险时，气管切开常作为紧急治疗手术。

二、动物及保定

气管切开术可应用于各种动物。动物仰卧保定。

三、麻醉

全身镇静，配合局部浸润麻醉或施行全身麻醉。

四、手术方法

颈腹侧常规剃毛消毒，沿颈腹中线做 3～5 cm 的皮肤切口，切开皮肤、浅筋膜，用拉钩拉开创口，止血。在创口的深部寻找两侧胸骨舌骨肌之间的白线，并将之切开，分离肌肉、深层气管筋膜，暴露气管。气管切开之前应再度止血，以防创口血液流入气管。

气管切开的方法很多，归纳起来有下列 3 种：

(1)在邻近两个气管环上各做一半圆形切口(宽度不得超过气管环宽度的 1/2)，形成一个近圆的孔。切软骨环时要用镊子牢固夹住，避免软骨片落入气管中。然后将准备好的气管导管正确地插入气管内，用线或绷带固定于颈部。皮肤切口的上、下角各做 1～2 个结节缝合，有助于气管导管的固定。

(2)在气管环腹侧中线，纵向切开 2～3 个气管环，在同一环的切口两侧各缝一线圈，把线圈挂在预先制备好的横木两端，使气管保持开放。这种方法具有随地取材的优点，其缺点是软骨环边缘易向气管内凹陷，造成气管狭窄。

(3)切除 1～2 个软骨环的一部分，造成方形“天窗”，用间断缝合将黏膜与相对的皮肤缝合，形成永久性的气管瘘。这是一种永久性气管切开方法。

五、术后护理

伤口覆盖干燥、消过毒的手术巾。防止动物摩擦术部，并要经常检查气管导管的固定情况，每日清洗气管导管，除去附着的分泌物和干涸血痂。注意气管导管气流声音的变化，如有异常，及时纠正。

根据上呼吸道病情，若确认已痊愈，可将气管导管取下，创口做一般处理，待二期愈合。

第三节 食管切开术

一、手术目的

外科练习食管切开术，练习动物实验中的食管造瘘术。当动物食管发生梗塞，用一般保守疗法难以除去时，采用食管切开术。另外，食管切开也应用于食道憩室的治疗和新生物的摘除。

二、动物及保定

食管切开术可应用于各种动物。侧卧保定，颈部伸直，固定头部。

三、麻醉

全身镇静，配合局部浸润麻醉，或全身麻醉。

四、手术方法

颈部食管手术通常分为上方切口与下方切口。上方切口是在颈静脉的上缘，臂头肌下缘 0.5～1 cm 处，沿颈静脉与臂头肌之间做切口。此切口距离食管最近，手术操作较为方便。若食管有严重损伤，术后不便于缝合，则应采用下方切口，即在颈静脉下方沿着胸头肌上缘做切口。此切口在术后有利于创液排出。

不论是上方或下方切口，都必须沿颈静脉沟纵向切开皮肤，切口长度视手术目的及动物种类而定，一般犬的切口 4～8 cm。

用手术刀切开皮肤、筋膜(含皮肌)，钝性分离颈静脉和肌肉(臂头肌或胸头肌)之间的筋膜，在不破坏颈静脉周围的结缔组织鞘的前提下，用剪刀剪开深筋膜。在颈下 1/3 手术时需剪开肩胛舌骨肌筋膜及颈深筋膜，而在上 1/3 和中 1/3 手术时必须钝性分离肩胛舌骨肌后再剪开颈深筋膜。根据解剖位置，寻找食管。食管呈淡红色、柔软、空虚、扁平、表面光滑(图 7-2)。

食管暴露后，小心将食管拉出，注意不要损伤食管周围的重要组织，如颈静脉、颈动脉、迷走神经干。用生理盐水浸湿的灭菌纱布隔离。若食管梗塞的时间不长，切口可做在梗塞物的食管上；若食管梗塞的时间过长，食管黏膜有坏死，食管切口应做在梗塞物的稍后方，切口大小应以能取出梗塞物为宜。切开食管的全层，擦去唾液，取出异物。

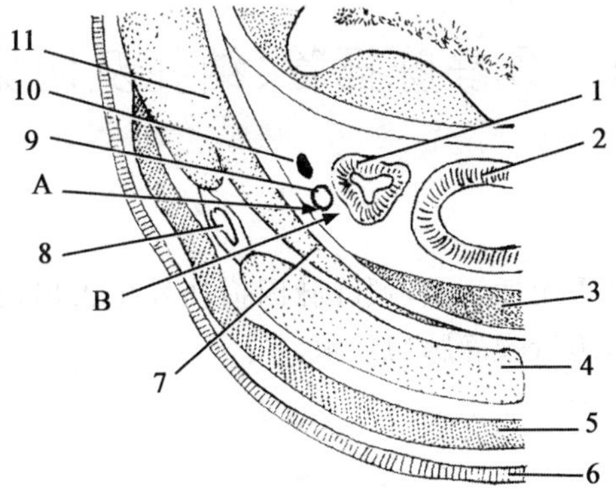

图 7-2　颈部食管手术通路

A.上方切口通路　B.下方切口通路

1.食管　2.气管　3.胸骨舌骨肌　4.胸头肌　5.皮肌　6.皮肤　7.肩胛舌骨肌　8.颈静脉　9.颈动脉　10.迷走交感神经干　11.臂头肌

食管闭合必须确认在局部无严重血液循环障碍的情况下方可进行。食管作两层缝合，第一层用铬制肠线连续缝合全层，第二层仅对纤维肌肉层做间断缝合。若食管壁比较完整，只用一次缝合也可以达到目的。食管周围结缔组织、肌肉和皮肤分别做间断缝合。若食管壁坏死，需保持开放，皮肤可做部分缝合，用消毒液浸润的棉纱填塞。

若梗塞发生于胸部食管，手术通路在左侧胸壁第 7～9 肋骨间。摘除肋骨，打开胸腔，用手在食管之外将梗塞物体压碎或推移到胃内，必要时也可用带有长胶管的针头，将液状石蜡注入食管，促使梗塞物的排出。

五、术后护理

1.一般护理

动物的麻醉期尚未过时，要注意动物的保暖，将未苏醒动物置于干燥而清洁的铺垫物上，被毛如剃去面积较大，要覆盖干燥消毒的手术巾。注意摆正动物头颈部位置以保持呼吸畅通，及时清除口腔和鼻腔的呕吐物和分泌物，以防误入气管。要定期观察记录动物的呼吸、脉搏、体温的变化，并做好护理记录。

2.创口处理

手术创口一般用纱布或绷带固定在皮肤上，为防止术后感染，使用抗生素治疗 5～7 d。术后 15 d 内禁止使用食管探子。食管创口一般需 10～12 d 愈合，皮肤切口于 8～12 d 拆除缝线。

3.饮食及输液

术后禁水 2 d，禁食 3 d，以减少对食管创口的刺激，在这期间静脉注射葡萄糖和生理盐水，以供给动物能量和液体。以后给柔软饲料和流体食物。在恢复期内要饲喂高蛋白、高能量饲料。

4.在犬术后护理中继续强化驯服

术后动物处于虚弱状态，护理人员精心护理，容易与动物建立较为亲近的关系，借此可以强化驯服，以使动物康复后能配合实验研究，减少动物的应激反应，同时也有利实验操作人员的安全。

第四节　颈静脉插管、结扎及切除术

一、手术目的

颈静脉取血或静脉给药时采用插管术；颈静脉因损伤发生大出血时，可施行颈静脉结扎；当化脓性、血栓性颈静脉炎时，施行颈静脉切除术。

二、动物及保定

大鼠、小鼠、家兔采用仰卧位保定，犬、猪可采取侧卧保定。

三、麻醉

犬、猫、兔用戊巴比妥钠全身麻醉，大鼠、小鼠还可用水合氯醛全身麻醉。

四、手术方法

沿胸头肌上缘，平行颈静脉切开皮肤和颈阔肌，为了避免损伤颈静脉也可采用皱襞切开。切口长度以手术目的病变长短而定，但必须充分显露血管的病变部分。然后将胸头肌和颈静脉之间的筋膜用手术剪剪开。剪时应将筋膜提起逐渐剪开，以防损伤静脉。用钝性分离法分离包在颈静脉外面的深筋膜。在分离时应注意保留静脉壁周围的一层结缔组织，以加固静脉壁便于结扎和防止后出血。在分离颈静脉时，凡和颈静脉相连的小血管均要作双重结扎而后剪断。

进行颈静脉插管时，将静脉周围的皮下组织轻轻钝性分离 1.5～2 cm，将两根结扎线引导到血管下面，一根线先结扎颈静脉的远心端后，用手轻轻提起结扎线，将静脉向前牵拉，让其有一定的张力，用眼科剪在离结扎线的下方静脉血管壁上剪一小口，轻轻地将准备好的导管从小口插入，将近心端的一根结扎线于插入口的下方绑扎，将血管壁紧紧扎于导管四周，再用结扎的线固定导管，防止导管滑脱，导管固定好后，将静脉放回原位，试向血管内输入液体，视其是否通畅和有否溶液漏出。如有凝血，需加压冲洗。如有漏出，则应重新结扎近心端结扎处，此时根据实验需要，可以关闭缝合切口，将插入导管一端留到体外，连接到输液装置上。

进行颈静脉结扎时，需用钝头结扎针，将结扎线引导到血管下面，在颈静脉损伤处的两端分别作双重结扎。两结距离为 1.5～2 cm，然后将颈静脉损伤处剪断。

进行颈静脉切除术时，应先在离开病变部 3～4 cm 的远心端和近心端没有病理变化的静脉壁上，各作双重结扎。而后，为了隔离颈静脉病变部和避免手术区污染，在颈静脉病变部两端的部位上再各作一道结扎。最后用手术剪在第一次结扎与第三次结扎之间将静脉切除。

肌肉和皮肤分别缝合，渗出液多时，可在切口下角装置纱布引流条。

五、术后护理

术后应使动物保持安静，适当限制颈部活动，防止对颈部切口的摩擦。术后第一天禁饲，术后 2～3 d 内给少量易消化饲料，以后恢复正常给饲。凡第一期愈合者，7～8 d 拆除皮肤缝线。对化脓性颈静脉炎，颈静脉切除后，皮肤切口可作部分缝合，但切口下角应行开放疗法，以利脓液的流出。

第五节 颈动脉插管、结扎及切除术

一、手术目的

颈动脉取血时采用插管术;颈动脉损伤发生出血,以及颈动脉瘤摘除时,均需作颈动脉结扎及切除术。

二、动物及保定

大鼠、小鼠、家兔采用仰卧位保定,犬、猪可采取侧卧保定。

三、麻醉

根据动物种类不同采取相应的麻醉方法进行全身麻醉。

四、手术方法

在喉头与胸骨之间沿颈腹正中线作一皮肤切口。切口的长度因动物而异,犬为10 cm,兔、猫为5～7 cm,大鼠、豚鼠为2.5～4 cm。用止血钳分离皮下结缔组织,并将切开的皮肤向两侧拉开,或用牵开器将切口开张。用蚊式止血钳将胸骨舌骨肌与胸骨甲状腺肌分开,即可找到颈动脉鞘,内有颈动脉和颈部神经。可见其中呈粉红色,触之有搏动的粗大血管即是颈总动脉。然后用钝性分离法将血管神经束分离出来,将颈总动脉与其并行的颈神经分离开,使颈总动脉游离出来。

进行颈总动脉插管时,顺着颈总动脉钝性分离3～4 cm。颈总动脉下先穿两根丝线,一根丝线结扎颈总动脉的远心端(尽量靠近头端),再用动脉夹将颈总动脉的近心端夹住,其间动脉长度不少于3 cm。然后在紧靠头端结扎线的稍下方,用弯头眼科镊托起动脉,并用锐利的眼科剪在动脉上作一斜切口(约45°)。切口大小不能大于血管管径的一半,以防血管拉断,然后将准备好的动脉插管由切口处向心脏方向插入动脉内,并用动脉下的另一根丝线结扎固定插管尖端,将血管壁紧紧扎于插管四周,再用结扎的线固定插管,防止插管滑脱。将动脉插管固定住后,插管的另一端放在盛血的容器中,放开动脉夹,血液顺着插管流入到容器中。

进行颈动脉结扎时,将结扎线引导到血管下面,在预切断的颈动脉两端分别作双重结扎,然后在结扎中间将颈动脉剪断。

进行颈动脉切除术时,应先在离开病变部3～4 cm的远心端和近心端没有病理变化的动脉壁上,各作双重结扎。最后用手术剪在结扎之间将动脉切除。

肌肉和皮肤分别缝合,渗出液多时,可在切口下角装置纱布引流条。

五、术后护理

术后应使动物保持安静,适当限制颈部活动,防止对颈部切口的摩擦。术后第一天禁饲,术后2～3 d内给少量易消化饲料,以后恢复正常给饲。凡第一期愈合者,7～8 d拆除皮肤缝线。

第六节 甲状腺与甲状旁腺切除术

一、甲状腺切除术

(一)手术目的

甲状腺是合成和释放甲状腺素的内分泌器官,甲状腺素的主要作用是促进机体的新陈代谢,维持机体的正常生长发育,特别是影响骨骼和神经系统的发育。甲状腺切除常用于研究甲状腺功能研究和无甲状腺动物模型的制备。

(二)动物及保定

适用于各种动物,但行甲状腺切除而不伤及甲状旁腺时,最好选用家兔。动物仰卧保定。

(三)麻醉

根据动物种类不同采取相应的麻醉方法进行全身麻醉。

(四)手术方法

由于通向甲状腺的径路不同,手术方法也各有不同。一般可采取 3 种不同的手术部位切口。即在颈腹侧上 1/3 处作颈部正中线切口;或作颈部的横切口;也可在颈左、右侧沿肩胛舌骨肌外缘作斜切口,分别切除两侧甲状腺。本节介绍颈腹侧正中线切口法:术部消毒麻醉后,在距喉头下方 3～5 cm 处,沿颈腹侧正中线切开皮肤 5～8 cm。随即切开浅筋膜及颈皮肌。开张切口,充分止血,即可见由两则胸骨甲状肌形成的白线,用刀沿白线切开。切开时切忌偏斜,以防出血。开张肌肉切口,显露气管筋膜。此时用止血钳沿气管两侧,钝性分离疏松结缔组织,于第 2～5 气管软骨环两侧,即可找到两侧甲状腺。

切除一侧甲状腺时,首先用止血钳仔细地将甲状腺外膜分离。然后紧靠甲状腺背侧后端,将甲状腺后动脉作两道结扎,并从中间剪断。同法将甲状腺前动脉结扎、剪断。最后分离甲状腺腹侧面的疏松结缔组织,剪断甲状腺峡部,一侧甲状腺即切除。清除切口内积血,切口肌肉层和皮肤分别缝合。

(五)术后护理

术后应加强饲养管理,保持手术动物安静,防止切口污染和摩擦。1 日两次应用抗生素以防感染。凡第一期愈合者,可于手术后第 6～8 天拆除皮肤缝线。

二、甲状旁腺切除术

(一)手术目的

甲状旁腺主要合成和分泌甲状旁腺素,具有调节钙、磷代谢,维持血钙的机能。甲状旁腺切除主要是用于研究甲状旁腺功能和钙磷代谢研究和无甲状旁腺动物模型的制备。

(二)动物及保定

适用于除家兔外的各种动物。动物仰卧保定。

(三)麻醉

动物全身麻醉。

(四)手术方法

在喉头下方沿颈腹侧正中线切开皮肤 5～8 cm,随即切开浅筋膜及颈皮肌。开张切口,充分止血，即可见由两则胸骨甲状舌骨肌形成的白线，用刀沿白线切开。切开时切忌偏斜，以防出血。开张肌肉切口，显露气管筋膜。此时用止血钳沿气管两侧，钝性分离疏松结缔组织，于第 2～5 气管软骨环两侧，即甲状软骨下部或在软骨下缘水平上，就可找到两侧甲状腺。在甲状腺两侧找出甲状旁腺，用眼科无钩镊轻轻分离出甲状旁腺。切除甲状旁腺时，首先用止血钳仔细地将甲状旁腺外膜分离。然后将甲状旁腺的血管结扎，从中间剪断摘除甲状旁腺。清除切口内积血，切口肌肉层和皮肤分别缝合。

(五)术后护理

同甲状腺切除术。

第七节 开 胸 术

一、手术目的

胸腔内器官手术和器官移植手术的先行手术。

二、动物及保定

开胸术适用于各种动物。兔采用仰卧保定，犬和小型猪可采用侧仰卧保定。

三、麻醉

兔可采用肌注麻醉药行全身麻醉。犬和小型猪施行开胸术时，要进行气管插管，连接呼吸机，进行机械通气。

四、手术方法

从侧胸切开皮肤之后，核实肋间的位置，前胸手术常选在第 2、3 肋间，心脏和肺门区手术选在第 4、5 肋间，尾侧食管和膈的手术选在第 8 肋间作为手术通路。肋间的确定以 X 线拍照作为依据。切开各层肌肉，背阔肌平行肋骨切开，尽量减少破坏背阔肌的功能，依次切开肋肌或其腹侧的胸肌。肋间肌用剪刀分离，用剪刀时采取半开状态，沿肋间推进，而不是反复开闭，这样能减少不必要的损伤。在肋间肌的分离时，不得损伤胸膜，尽量避开肋间的血管和神经。暴露出肋骨后，在肋骨表面切开骨膜，切断肋骨并将肋骨取出。在暴露的肋骨骨膜床上切口，接着在胸膜上做一 2～3 cm 的小切口，通过骨膜和胸膜切口进入胸腔。

切口闭合用单股吸收或非吸收缝线，缝合 4～6 针将切口两侧肋骨拉紧并打结。在打结之前用肋骨接近器或巾钳使切口两侧肋骨靠近，要求切口密接又不要造成重叠，肋间肌用吸收线缝合。其他肌层用吸收缝线连续或间断缝合，背阔肌间断缝合。主要肌腱部分，各层肌肉要分别缝合，减少术后的机械障碍。在密闭缝合后，要用连接较大注射器的针头刺入胸腔内，抽出空气，使其恢复正常的负压。皮肤常规缝合。

五、术后护理

创口用无菌纱布盖住。术后 7～8 d 拆线。术后动物未完全清醒时不给任何饮食，清醒后可以先喂水，然后给予食物。

第八节 肋骨切除术

一、手术目的

作为通向胸腔或腹腔手术通路的现行手术。当发生肋骨骨折、骨髓炎、肋骨坏死或化脓性骨膜炎时，作为治疗手段进行肋骨切除手术。

二、动物及保定

适用于各种动物。动物一般采用侧卧保定。

三、麻醉

全身麻醉。

四、手术方法

在欲切除肋骨中轴，直线切开皮肤、浅筋膜、胸深筋膜，显露肋骨的外侧面。创钩扩开创口，认真止血。在肋骨中轴纵向切开肋骨骨膜，并在骨膜切口的上、下端做补充横切口，使骨膜上形成"工"字形骨膜切口。用骨膜剥离器剥离骨膜，先用直的剥离器分离外侧和前后缘的骨膜，再用半圆形剥离器插入肋骨内侧与肋膜之间，向上向下均力推动，使整个骨膜与肋骨分离。骨膜剥离的操作要谨慎，注意不得损伤肋骨后缘的血管神经束，更不得把胸膜戳穿。

骨膜分离之后，用骨剪或线锯切断肋骨的两端，断端用骨锉锉平，以免损伤软组织或术者的手臂。拭净骨屑及其他破碎组织。

关闭手术创面时，先将骨膜展平，用吸收线或非吸收缝线间断缝合，肌肉、皮下组织分层常规缝合。

五、术后护理

手术创口一般用纱布或绷带固定在皮肤上，纱布或绷带的内面可涂布软膏，有助于防止细菌感染。术后 7～8 d 拆线。术后动物未完全清醒时不给任何饮食，清醒后可以先喂水，然后给予食物。

第九节 胸腔导液术

一、手术目的

动物胸腔有液体或气体蓄积，影响呼吸，而采用胸腔导液术。

二、动物及保定

适用于犬和猫。动物侧卧保定。

三、麻醉

全身麻醉。

四、手术方法

在第 10～11 肋间上 1/3 处切开皮肤 2～3 cm。用一大的弯止血钳夹持引流管远端，沿皮肤切口皮下向前越过两个肋间，即在第 7～8 肋间处穿破胸腔，并沿胸内侧壁向下将引流管引入胸底壁。除去止血钳。皮肤作一荷包缝合，固定引流管(图 7-3)。

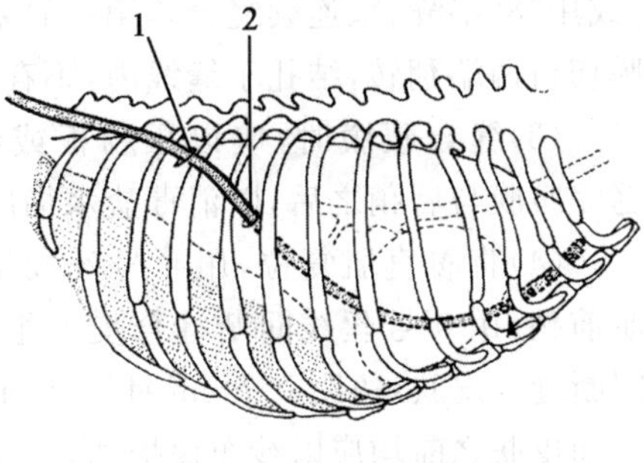

图 7-3　胸导管安装技术

1. 皮肤切口　2. 胸膜穿孔

五、术后护理

动物行一般术后护理。手术创口装结系绷带。引流管套管要定时清洁和疏通。一般术后 7～8 d 拆线。

第十节　剖腹与关腹手术

一、手术目的

用于腹腔内器官手术或实验的通路。

二、动物及保定

适用于各种动物。动物仰卧保定。

三、麻醉

全身麻醉。

四、手术方法

1. 剖腹

沿腹正中切开皮肤，钝性分离皮下组织，彻底止血，暴露腹白线。用手术刀小心切开腹白线 1 cm，然后向上下剪开，使切口略短于皮肤切口。切开白线后，其下方腹膜即可显露，用镊子提起准备切开部位的腹膜，用两指检查提夹部位，当确认未夹住腹腔内器官时，将腹膜切一小口，以两把止血钳钳住并牵引两侧已切开的腹膜边缘。手指伸入腹膜下，剪开切口上端的腹膜，以扩大切口。手指伸入下端腹膜下保护内脏，然后剪开下端腹膜。

2. 关腹

完成腹腔内的操作后，仔细检查腹腔，当无活动性出血，未遗留纱布、器械等，手术部位无异常时，即可准备关腹。关腹步骤如下：

(1)关腹前，认真清点纱布及手术器械用品，数目必须与术前相等。

(2)将腹膜与腹直肌后鞘切口边缘用两排血管钳钳夹提起，用 4 号丝线作单纯间断缝合

(或用“8”字缝合、连续缝合),第一针和最后一针应将腹膜切口两端翻转,结扎于缝线内,不存留漏洞(图 7-4)。

(3)缝合腹膜时,应以压肠板或纱布将肠管隔开。缝完腹膜与后鞘之后,以消毒盐水彻底冲洗切口。

(4)将腹直肌复位,用 4 号丝线单纯间断缝合腹直肌前鞘,用 0 号丝线间断缝合皮下组织,再用 1 号丝线间断缝合皮肤,边距 0.5 cm 针距 1 cm。在缝合皮下组织和皮肤之前均应以纱布保护切口,用乙醇棉球再次消毒切口边缘皮肤。

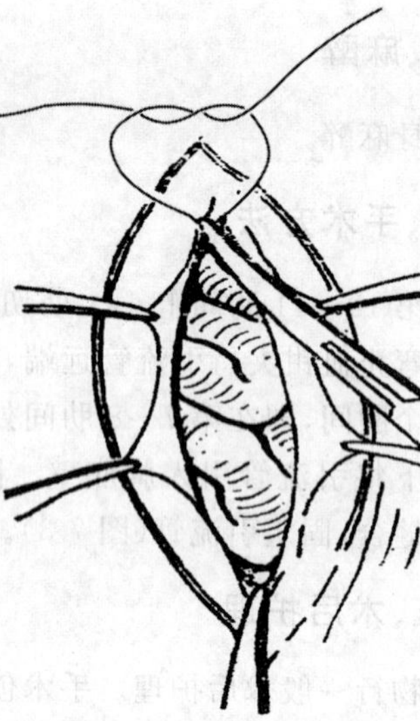

图 7-4 腹膜切口顶端的反复结扎

五、术后护理

动物的麻醉期尚未过时,要注意动物的保暖。将未苏醒动物置于干燥而清洁的铺垫物上,注意摆正动物头颈位置,以保持呼吸畅通。

手术创口装着结系绷带,纱布或绷带的内面可涂布软膏,有助于防止细菌感染。术后动物未完全清醒时不给任何饮食,清醒后可以先喂水,然后给予食物。

第十一节 肠管侧壁切开术

一、手术目的

动物实验时,为了试验目的,可行侧壁切开术。顽固性肠便秘,行疏导术无效或肠壁有坏死倾向不宜按压时,也需进行肠切开术。

二、动物及保定

适用于兔以上较大动物。动物仰卧位保定。

三、麻醉

全身麻醉。

四、手术方法

肠侧壁切开的手术过程中,分为清洁手术阶段和不洁手术阶段。从切开肠壁起至缝完肠壁浆膜肌层止,因取粪及肠内容物外溢,污染术者的手及所用器械,称为不洁手术阶段。此时术者及助手均应戴乳胶手套,所用器械单独存放。除此过程之外的手术过程称为洁净手术阶段。故当肠壁浆膜肌层缝合完成之后,应脱去手套、重新洗手,更换器械及敷料等。

1. 小肠及小结肠侧壁切开法

在左髂部行腹侧壁切开为最方便。开腹后将预切开肠段小心地拉出切口,用温湿大纱布覆盖肠管并隔离腹腔。之后按以下步骤操作。

固定:用肠钳将预定切开处的两端固定,以防止因肠蠕动而使肠内容物经切口溢出。固定时不能过紧。

切开:切口位置应在阻塞物粗大膨隆处,便于取出内容物。若局部肠管淤血明显,应在健康处切开,以利缝合及愈合。小结肠的切口应在纵带上。切口方向应与肠管纵轴平行,一般不要横切。切口大小,以便于取阻塞物为宜。切开肠壁,要一次直线切开,使切口平整。

止血:肠壁切口出血,用温生理盐水纱布压迫止血,不可钳压,以防挫灭组织。

取粪:一次或分次取出,但要防止污染术部。

缝合:缝合前先用温生理盐水清洗切口,再用青、链霉素生理盐水清洗。然后按肠管侧壁缝合法进行缝合。在第一层(行两层缝合时)或第二层(行三层缝合时)缝合完成后,除去肠钳,检查缝合是否适当,如有肠液从缝隙中滴出,则应补针缝合,以无肠液滴出为宜。再用青、链霉素生理盐水清拭。至此不洁手术结束。从第二层或第三层缝合起,又为清洁手术,须严格按无菌规程进行。

最后,再用青、链霉素生理盐水清拭,还纳肠管,闭合腹腔。

2.大结肠及盲肠侧壁切开法

其基本方法与小肠及小结肠侧壁切开法相同。但由于肠管体积大而移动性小,难于拉出腹壁切口之外。因此,需要由助手辅助固定和缝合固定以保持肠壁贴于腹壁切口并不移动位置。

对盲肠便秘,可将盲肠尖拉出切口之外,由助手把持固定。并缝合隔离腹腔(将肠壁浆膜肌层与腹壁切口缝合隔离)后,周围填塞温湿大纱布,沿盲肠纵带直线切开肠壁,向肠腔内套入圆孔隔离巾,再取出结粪。

五、术后护理

术后的动物要注意保暖。皮肤切口装着结系绷带。术后7～8 d拆线。手术要禁食3 d并补液。在恢复期内要饲喂高蛋白、高能量饲料。

第十二节　肠切断与吻合术

一、手术目的

用于消化道实验手术,也适用于因各种类型肠变位引起的肠坏死、广泛性肠粘连、不宜修复的广泛性肠损伤或肠瘘,以及肠肿瘤的根治手术。

二、动物及保定

适用于兔以上较大动物。动物仰卧位保定。

三、麻醉

全身麻醉。

四、手术方法

脐前腹中线切口,腹壁切开后,用生理盐水纱布垫保护切口创缘,术者手经创口伸入腹腔内探查病变肠段。对各种类型小肠变位的探查,应重点探查扩张、积液、积气、内压增高的肠段,将其牵引出腹壁切口外,以判断肠切除范围。若变位肠段范围较大,经腹壁切口不能全部引出或肠管高度扩张与积液,强行牵拉肠管有肠破裂危险时,可将部分变位肠管引出腹腔外,由助手扶持肠管进行小切口排液,术者手臂伸入腹腔内,将变位肠管近心端肠襻中的积液向腹腔切口外的肠段推移,并经肠壁小切口排出,以排空全部变位肠管中的积液,方可将全部变位肠管引出腹腔外。用生理盐水纱布垫保护肠管,隔离术部,并判定肠管的生命力。在下列情况下判定肠管已经坏死:肠管呈暗紫色、黑红色或灰白色;肠壁变薄、变软无弹性,肠管浆膜失去光泽;肠系膜血管搏动消失;肠管失去蠕动能力等。若判定可疑,可用生理盐水温敷 5~10 min,若肠管颜色和蠕动仍无改变,肠系膜血管仍无搏动者,可判定肠壁已经发生坏死。

1.肠部分切除的范围

肠切除线应在病变部位两端 5~10 cm 的健康肠管上。对肠系膜侧切除的范围要大。

展开肠系膜,在肠管切除范围上,对相应肠系膜作 V 字形或扇形预定切除线,在预定切除线两侧,将肠系膜血管进行双重结扎,然后在结扎线之间切断血管与肠系膜(图 7-5)。最后切断肠管。

肠系膜为双侧浆膜组成,系膜血管位于其间,若缝针刺破血管,易造成肠系膜血肿。扇形肠系膜切断后,应特别注意断端的肠系膜三角区出血的结扎(图 7-6)。

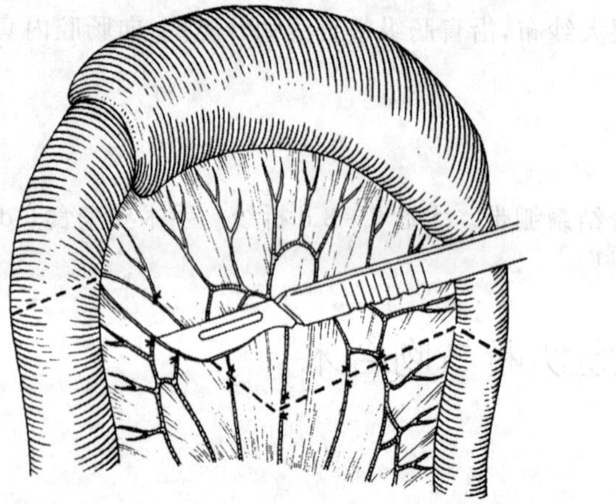

图 7-5 肠系膜血管双重结扎后的肠系膜切除线

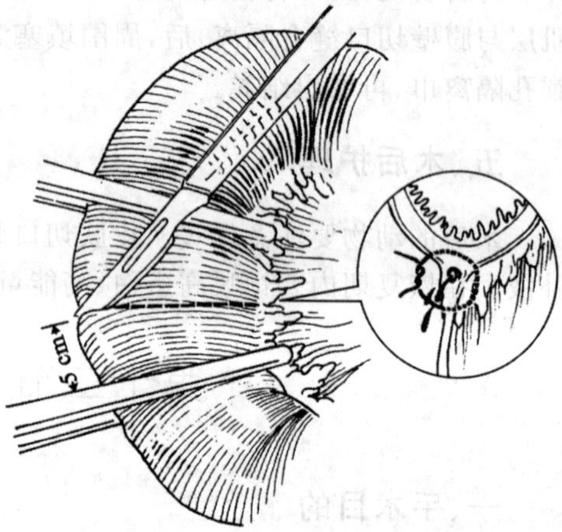

图 7-6 断端的肠系膜三角区出血的结扎

在预切除肠管线两侧用无损伤肠钳夹持,距健侧肠钳 5 cm 处切断肠管,注意结扎肠系膜侧三角区内出血点。

2.吻合方法

肠吻合方法有端端吻合、侧侧吻合与端侧吻合等 3 种。端端吻合符合解剖学中生理力学的要求,较常应用。但在肠管较细的动物,吻合后易出现肠腔狭窄,应特别注意。侧侧吻合适用于较细的肠管吻合,能克服肠腔狭窄之虑。端侧吻合在动物实验时仅在两肠管口径相差悬殊时使用。

(1)端端吻合:助手扶持并合拢两肠钳,使两肠断端对齐靠近,检查拟吻合的肠管有无扭转。首先在两断端肠系膜侧距肠断缘 0.5～1 cm 处，用 1～2 号丝线将两肠壁浆膜肌层或全层做 25 cm 长的牵引线。在对肠系膜侧用同样方法另作牵引线，紧张固定两肠断端便于缝合(图 7-7)。

然后用直圆针自两肠断端的厚壁在肠腔内作连续全层缝合(图 7-8)，连续缝合接近肠系膜侧向前壁折转处，将缝针自一侧肠腔黏膜向肠壁浆膜刺出(图 7-9)，而后缝针从另侧肠管前壁浆膜刺入，复而又从同侧肠腔内黏膜穿出(图 7-10)。自此，采用康奈尔氏法缝合前壁，至对肠系膜侧与厚壁连续缝合起始的线尾打结于肠腔内(图 7-11，图 7-12)。

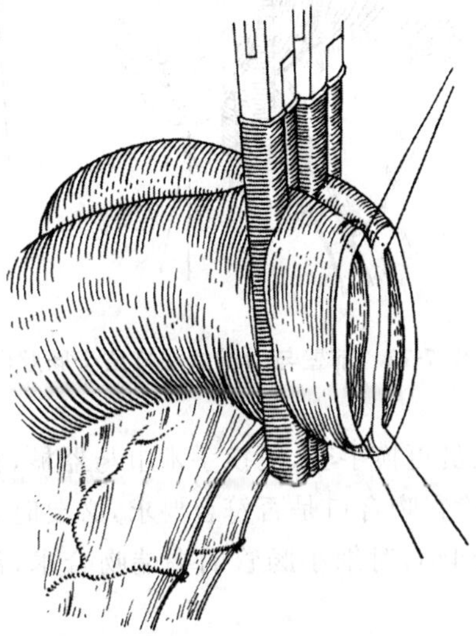

图 7-7 肠端端吻合，肠系膜侧与对肠系膜侧做牵引线(全层)

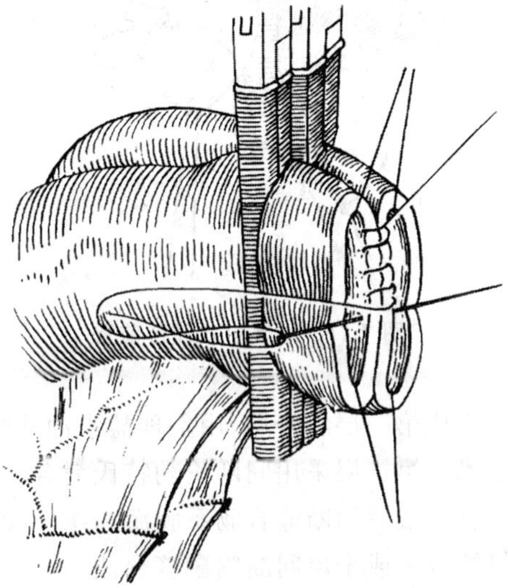

图 7-8 后壁连续全层缝合

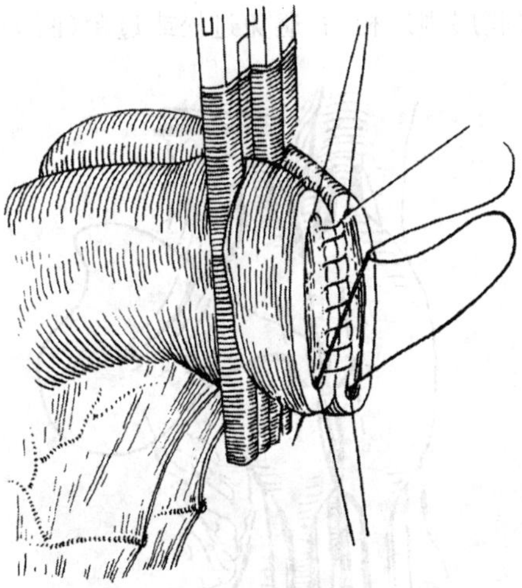

图 7-9 自后壁缝合至前壁的翻转运针方法之一

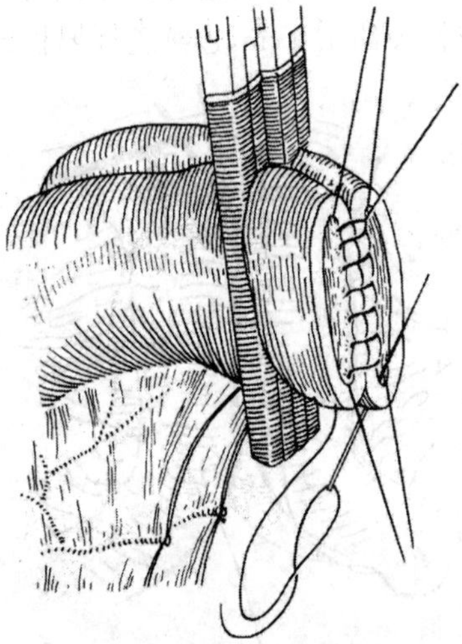

图 7-10 自后壁缝合至前壁的翻转运针方法之二

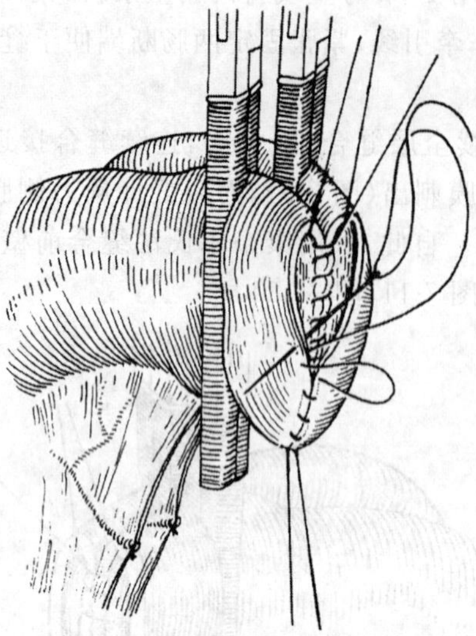

图 7-11 康奈尔式缝合前壁

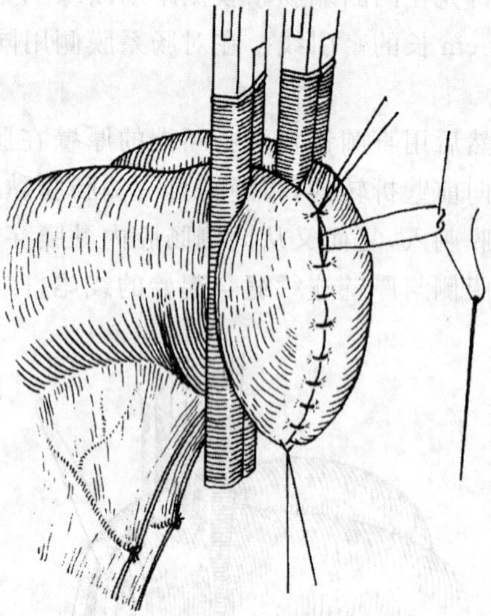

图 7-12 前壁与后壁线尾打结于肠腔内

完成第一层缝合后，用生理盐水冲洗肠管，手术人员更换手套，更换手术巾与器械，转入无菌手术。第二层采用间断伦勃特氏缝合。撤出肠钳，检查吻合口是否符合要求，必要时可作补充缝合。最后间断缝合肠系膜游离缘。犬、猫等肠腔细小，对细小肠管的端端吻合术，常采用压挤缝合法或全层间断内翻缝合法。

(2)侧侧吻合：提出一小段小肠，其下垫一湿纱布。将肠襻的两端侧对侧地靠近以利吻合。

在离肠襻折角约三横指、两段肠襻的接触面离系膜约 1 cm 处缝一针 1 号牵引线，在离该牵引线 4～5 cm 处再缝一针牵引线。提起两牵引线使肠襻的两段互相侧对侧地相贴(图 7-13)。

①吻合口后壁外层缝合：在两牵引线间，离双侧肠系膜约 1.0 cm 处用 1 号线作纵向浆肌层连续缝合，长约 4.0 cm，连续缝线要拉紧使两侧肠壁浆膜层刚好相贴，避免过松或过紧(图 7-14)。

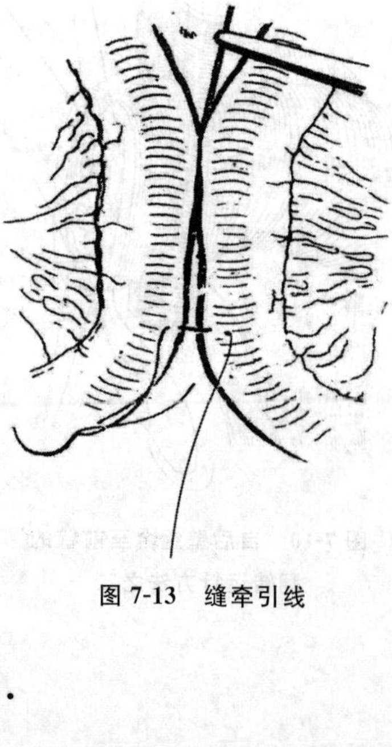

图 7-13 缝牵引线

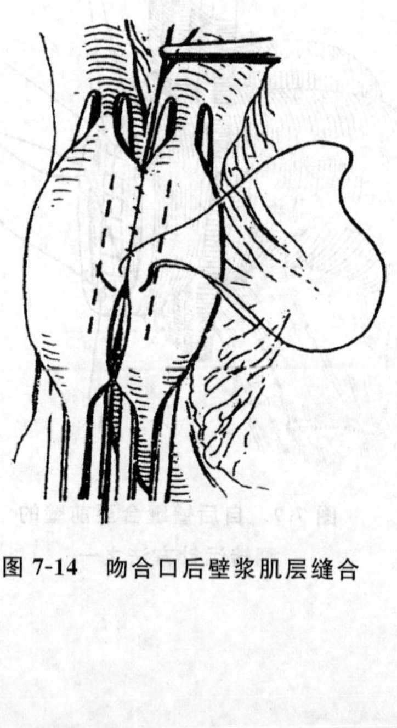

图 7-14 吻合口后壁浆肌层缝合

②夹肠钳：将待吻合肠段内容物挤到远段肠管后，在该肠段的近、远端各夹一把肠钳，以阻止近、远端的肠内容物从吻合口溢出。

③切开肠壁：于距离连续浆肌层缝线约 0.3 cm 处切开一侧肠段的浆肌层，再用蚊钳夹紧黏膜层及黏膜下层，边夹边切开黏膜层，然后结扎止血。用同样的方法处理对侧一段肠管。切开肠管时用“小鱼”纱布清除肠切口出血及肠腔内容物(亦可用吸引器吸出)。切开长度勿超过浆肌层缝合。

④吻合后壁内层缝合：用 1 号线在两段相互靠拢的切缘进行全层连续锁边缝合，由切口一端的一侧肠腔黏膜层进针，穿透全层出浆膜层，再由对侧肠段的浆膜层进针穿透全层从肠腔内出针，每针均要锁边，缝线要适当拉紧些，且保持张力，以免松脱，造成手术后出血。各针间的针距为 0.3～0.5 cm，边距为 0.3 cm。

⑤吻合前壁内层缝合：锁边缝合到了超过切口的另一端转角处后即改为康奈尔缝合(吻合口的前壁内层缝合)。先将针自肠腔内穿出到同侧的浆肌层外，然后由对侧肠壁浆膜层缝入对侧肠腔内，再由同侧肠腔内缝出同侧浆膜层，最后抽紧缝线使两侧肠壁都能内翻入肠腔内(助手可用血管钳将切缘轻轻向肠腔推入)。按以上步骤反复进行，直到前壁完全闭合。最后一针缝完后将针由浆膜层缝入肠腔内，与锁边缝合的线头打结。各针的针距为 0.5 cm，边距为 0.3 cm。(图 7-15)。

⑥吻合口前壁外层缝合：最后用 1 号丝线进行前壁浆肌层间断缝合，使肠壁进一步内翻，将内层缝线埋入，针距为 0.3～0.5 cm(图 7-16)。

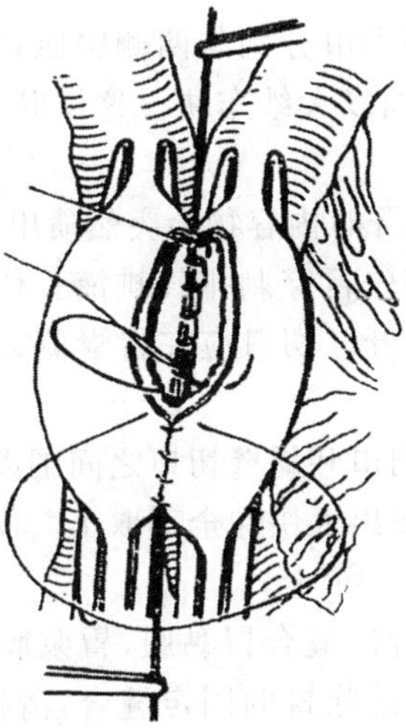

图 7-15　吻合口后壁连续全层锁边缝合和康奈尔缝合

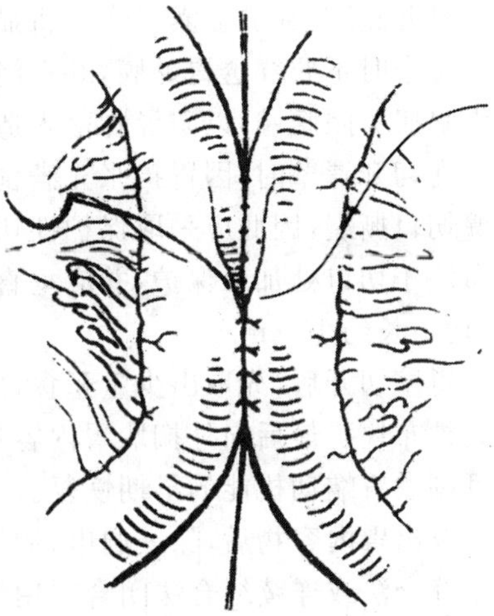

图 7-16　吻合口前壁浆肌层间断缝合

⑦检查吻合口：检查吻合口是否缝合可靠，是否畅通。

(3)端侧吻合：除动物实验外，有时用于反刍动物和猪的回肠末端肠套叠手术。将坏死回肠切除后，做回肠与盲肠端侧吻合术。

确定患部两侧回盲口与回肠预定切除线，并用肠钳闭合肠腔。将回盲系膜切除数厘米后，截断患部肠管，闭合回盲口残端。更换肠钳，在回盲口后右侧方钳夹欲做新吻合口的肠壁。

助手将两肠钳靠拢，做两肠管后壁外层的伦勃特氏缝合，然后用刀在盲肠欲做新吻合口上切开肠壁，对吻合口前后壁做连续全层缝合，缝合方法与端端吻合前后壁相同。两肠管前壁外层再行间断伦勃特氏缝合。吻合后用手指检查吻合口，回盲系膜游离缘做间断缝合。

五、术后护理

手术要禁食 3 d 并补液。在恢复期内要饲喂高蛋白高能量饲料。皮肤切口装着结系绷带，绷带的内面可涂布软膏，有助于防止细菌感染。术后 7～8 d 拆线。

第十三节　胃切开术

一、手术目的

实验性的胃切开术或治疗胃扩张。

二、动物及保定

适用于犬和猫。动物右侧横卧或仰卧保定。

三、麻醉

进行复合麻醉或全身麻醉。

四、手术方法

打开腹腔，充分显露胃囊。将显露的胃壁用两块手术巾分别与两侧膈肌切缘一起连续缝合。缝合时不要穿透胃黏膜，并在缝合好的手术巾下，围以大纱布块。这样既可固定胃壁，又可借膈肌关闭腹腔，以防异物落入造成感染。

在切开胃壁时，因胃扩张充满食物，胃内压较大，切开时内容物会突然喷出，可造成污染或胃壁切口撕裂，因此应采取保护性切开法。或在切开前先行穿刺排气排液。切开时应一手拿纱布块于切口处加以保护，并应垂直胃壁做一次全层切开。切口应在胃囊侧方沿大弯的轴线上，切口长约 10 cm。

胃壁切开后，先取出少量积食，然后放入洞巾。在洞巾和胃壁切口之间围以浸湿的生理盐水大纱布块。最后向外掏取胃内容物。胃内容物不易取出太快和全部取出。保留少许胃内容物可刺激胃蠕动机能的早期恢复。

取出胃内容物后，除去洞巾，清理术野。以间断缝合法缝合胃黏膜，胃浆膜和肌层同样以间断缝合法或连续缝合法闭合。用温生理盐水冲洗后，拆除胃的固定缝合，清拭胃壁，将胃送回腹腔。仔细检查腹腔，当无活动性出血，未遗留纱布、器械等，手术部位无异常时，即可准备关腹。

五、术后护理

动物的麻醉期尚未过时，要注意动物的保暖。将未苏醒动物置于干燥而清洁的铺垫物上，被毛如剃去面积较大，要覆盖干燥消过毒的手术巾。注意摆正动物头颈部位置以保持呼吸畅通，及时清除口腔鼻腔的呕吐物和分泌物，以防误入气管。定期观察记录动物的呼吸、脉搏、体温的变化，并做好护理记录。

皮肤切口装着结系绷带，绷带的内面可涂布软膏，有助于防止细菌感染。术后 7～8 d 拆线。术后要禁食 3 d 并补液，恢复期内要饲喂高蛋白、高能量饲料。

第十四节　脾切除术

一、手术目的

实验性脾切除(如免疫耐受实验等),脾脏肿瘤,外伤性脾脏破裂,对巨脾症要实施脾摘除。

二、动物及保定

大鼠、小鼠、兔、犬、猴等动物均可施行脾切除术。动物仰卧位保定。

三、麻醉

全身麻醉。

四、手术方法

(一)全脾脏切除术

取上腹正中切口,逐层切开腹壁,进入腹腔,寻找出脾脏,并将其牵出切口外,检查脾蒂内的动脉血管走向。然后用两把止血钳在脾门血管的主干部位夹住全部脾蒂组织(包括出入脾脏的全部血管),用手术刀或剪刀在两钳之间切断,摘除脾脏。然后将近肝端脾动脉作双重结扎或贯穿结扎。在打二道结时,先去夹持钳,扎紧脾蒂,防止过松或滑脱,引起术后出血,剪去结扎线头。清理腹腔,确认结扎无出血后,缝合腹壁、关闭腹腔。

(二)部分脾脏切除术

上腹正中切口,切开腹壁、腹膜,用两把止血钳夹持切口两侧腹膜向两侧牵拉,张大切口,充分暴露腹腔内容物,推开肠管寻找到脾脏,用手将脾脏牵出切口外,靠近脾门结扎脾上或脾下极血管(根据需切除的范围结扎相应数量的血管)。因脾脏每一单位由一根血管供应血源,因此当某些血管被结扎后,脾脏会立即出现缺血平面,脾实质呈苍白色与正常有血供的脾组织有一个明显的界限。用无损伤血管钳夹持脾脏。在缺血平面上 1.0～1.5 cm 处,做"U"形交锁缝合,切除缺血区脾脏,结扎断面出血小血管(图 7-17)。将切除下来的部分脾脏被膜剥下来。缝合固定于脾断面,将脾脏送入腹腔复位。检查、清理腹腔,确认无出血后,缝合腹壁,关闭腹腔。

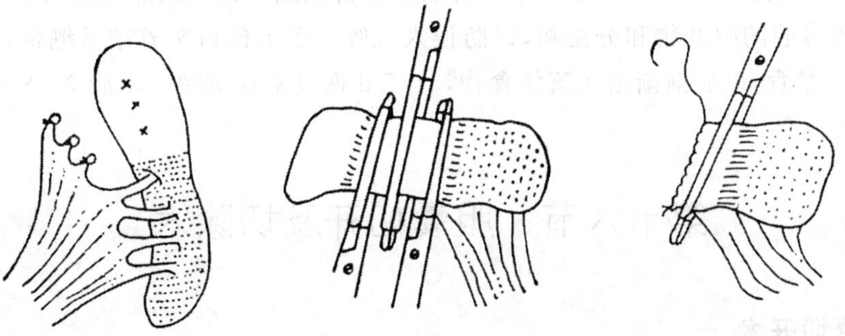

图 7-17　部分脾切除

五、术后护理

动物的麻醉期尚未过时，要注意动物的保暖，手术创口装着结系绷带，单笼饲养观察，自由饮水。术后动物未完全清醒时不给任何饮食，清醒后可以先喂水，然后给予食物。

第十五节　盲肠切除术

一、手术目的

动物实验需要及盲肠切除练习。鞭虫的根治方法，盲肠炎，回盲部肿瘤的治疗等。

二、动物及保定

适用于兔、犬等动物。动物左侧横卧保定。

三、麻醉

全身麻醉。

四、手术方法

有腹中线及右腹壁切开两种方法。一般多采用右腹壁切开。

术部选在距最后肋骨 2～4 cm，膝褶的上方。切开皮肤 3～5 cm，常规开腹。在右腹侧，十二指肠降部内侧可见小肠。在十二指肠与小肠间插入手指，轻轻向内压时，在十二指肠下降部的内上深部，可见盲肠。

在术野部显露盲肠。将盲肠尖提起。结扎肠系膜的回盲结肠动静脉的回肠支和盲肠支。

分离盲肠与回肠间的结缔组织。在盲肠基部置肠钳，切除盲肠，实施内翻缝合闭锁断端。常规关腹。切除盲肠时注意不要使肠内容物外流，污染腹腔。

五、术后护理

动物的麻醉期尚未过时，要注意动物的保暖。注意摆正动物头颈部位置以保持呼吸畅通，及时清除口腔鼻腔的呕吐物和分泌物，以防误入气管。手术创口装着结系绷带，单笼饲养观察。术后 48 h 禁食，以后渐渐给予流体食物，5～7 d 恢复常规饲喂。术后 7～8 d 拆线，此期间给予抗生素。

第十六节　胆囊切开及切除术

一、胆囊切开术

(一)手术目的

动物实验研究，胆囊内植入术及取出胆结石等。

(二)动物及保定

犬和猫施行胆囊切开术。动物左侧卧保定。

(三)麻醉

全身麻醉。

(四)手术方法

取右肋弓下斜切口,距肋弓 1 cm,剑状软骨 1～2 cm 与肋弓平行切开。常规开腹,切口长 8～10 cm,扩创,尽量使创上缘向前背侧扩开,以使肝脏和胆囊接近切口。以两把无创钳钳住胆囊底,并保持之,在两把钳中间切开胆囊,取出结石后缝合胆囊及腹壁切口。

(五)术后护理

手术创口装着结系绷带,单笼饲养观察。一般术后 7～8 d 拆线。术后动物未完全清醒时不给任何饮食,清醒后可以先喂水,禁食 3 d 并补液。在恢复期内要饲喂高蛋白、高能量饲料。

二、胆囊切除术

(一)手术目的

动物实验研究,慢性顽固性胆囊炎时及胆结石的胆囊摘除。

(二)动物及保定

犬和猫施行胆囊切除术。动物左侧卧保定。

(三)麻醉

全身麻醉配合局部浸润麻醉。

(四)手术方法

取右肋弓下斜切口,距肋弓 1 cm,剑状软骨 1～2 cm 与肋弓平行切开。常规开腹,切口长 8～10 cm,扩创,尽量使创上缘向前背侧扩开,以使肝脏和胆囊接近切口。用卵圆钳夹住胆囊,将胆囊向下牵引,由底部开始进行钝性分离胆囊,直至颈部,将胆囊游离出来。用丝线分别将胆囊管和胆囊血管结扎,结扎后分别断开。将游离出来的胆囊结扎并切除胆囊。检查、清理腹腔,确认无出血后,缝合腹壁,关闭腹腔。

(五)术后护理

术后的动物要注意保暖。注意摆正动物头颈部位置以保持呼吸畅通。手术创口装着结系绷带,单笼饲养观察。一般术后 7～8 d 拆线。术后动物未完全清醒时不给任何饮食,清醒后可以先喂水,禁食 3 d 并补液。在恢复期内要饲喂高蛋白、高能量饲料。

第十七节 肝脏切除术

一、手术目的

肝脏切除术包括全肝切除和部分肝叶切除,肝叶切除可根据实验目的选用一叶或几叶切除。

二、动物及保定

动物为大鼠或犬。动物仰卧位固定。

三、麻醉

全身麻醉。

四、手术方法

(一)全肝切除术

1. 犬的全肝切除术

取上腹部正中切口。切开腹壁、腹膜,进入腹腔,将肝脏向头侧掀起,分离肝蒂,游离下起第一空肠动静脉上至肝门一段的门静脉、下起右肾静脉上至肝后缘一段后腔静脉。切断与肝脏相连的所有韧带。用钳夹阻断已游离的门静脉段和后腔静脉段,作两静脉侧侧吻合。钳夹,结扎和切断肝蒂。由于犬肝蒂内血管、胆管粗大,需分别在贴近肝脏处结扎切断胆总管、肝固有动脉和门静脉等重要结构,防止术后并发症。此时已全部切下肝脏。用生理盐水冲洗腹腔,检查门静脉和后腔静脉吻合口处、肝蒂结扎处无出血后,关闭缝合腹腔。

2. 大鼠的全肝切除术

大鼠全肝切除手术类似于犬,但大鼠全肝切除术后死亡率很高。一次性手术切除多在几小时后死亡,主要与门静脉突然被阻断有关,因此最好分两期手术完成全肝切除,第一期手术先将腔静脉和门静脉不完全闭死,使其管腔变小,肝循环量减少,让门静脉重新建立起其他侧支循环,隔1~2个月后,再做二期手术,分离结扎切断门静脉、肝固有动脉、胆总管等结构,游离切除全部肝脏。

(二)肝脏部分切除术

1. 犬肝脏部分切除术(一叶或多叶)

切开腹壁、腹膜进入腹腔后,首先在肝门处,游离结扎并切断肝蒂中的肝固有动脉向拟切除的肝叶的分支,同时分离、结扎并切断拟切除肝叶的静脉、肝管。如切断肝脏范围较大,应连同胆囊一并切除,再切断与拟保留肝叶之间相连接部分,切面有出血点应结扎止血或用明胶海绵压迫止血。冲洗腹腔,检查肝蒂、切断结扎处无出血后,缝合腹膜、腹壁,关闭腹腔。

2. 大鼠肝脏部分切除术

取上腹部正中切口,上至剑突下缘,下至肝脏下缘,切开腹壁和腹膜进入腹腔,用钳夹或在切口两侧各缝一针留线作牵引线。将切口拉开,暴露肝脏,用手或无损伤钳将肝脏全部或拟切除肝叶牵托出切口至纱布上,剪断周围连接肝脏的韧带,用手提起肝中叶和和肝左叶呈竖直位并稍向上牵拉,即可暴露各叶肝脏的供血血管,用4/0丝线在拟切除的肝叶近肝处的血管基部结扎。将肝叶放回纱布上,在其游离缘可切数个小口,让肝叶内的血液流在纱布上,减少切断血管时血液流入腹腔。然后在血管结扎线的远端分别切去拟切除的一叶或多叶肝叶。切除拟切除的肝叶后,将保留的肝叶还纳腹腔。用生理盐水或林格氏液冲洗腹腔,检查结扎、切断处无出血后,即缝合腹壁,关闭腹腔。

五、术后护理

动物的麻醉期尚未过时,要注意动物的保暖,注意摆正动物头颈部位置以保持呼吸畅通。

手术创口装着结系绷带，单笼饲养观察。术后前几天内可给予静脉补入维生素和林格氏液。在恢复期内要饲喂高蛋白、高能量饲料。术后 7～8 d 拆线。

第十八节 肾切开及切除术

一、肾切开术

(一)手术目的

动物实验，肾结石、肾盂结石及肾盂肿瘤等。

(二)动物及保定

适用于犬和猫。动物仰卧或侧卧保定。

(三)麻醉

全身麻醉。

(四)手术方法

(1)剖腹：取下腹部正中切口。切开腹壁、腹膜，进入腹腔。

(2)显露肾脏：将肾脏显露后，使用血管钳暂时阻断肾动脉和肾静脉。将肾脏固定在拇指和食指间，充分露出肾的凸面。

(3)肾脏切开：用手术刀从肾脏凸面纵行矢状面切开皮质和髓质部达到肾盂，除去结石。然后用生理盐水冲洗沉积在肾组织内或肾盂的矿物沉积物。从肾盂的输尿管口插入纤细柔软插管，用生理盐水轻微冲洗输尿管，证明输尿管畅通。因为该手术切口不损伤主要血管，所以肾的切口位置出血量很少。

(4)肾脏缝合：缝合肾脏前，取下阻断肾动脉、肾静脉的血管钳，观察切面血液循环恢复情况，对小出血点，压迫止血。然后用拇指和食指将切开的肾脏两瓣紧密对合，轻轻压迫，使肾组织瓣由纤维蛋白胶接起来，只需要肾脏被膜连续缝合，不需要肾组织褥式缝合，该法称为“无缝合肾切开闭合法”。

(5)缝合腹壁切口：逐层缝合腹壁切口。

(五)术后护理

动物的麻醉期尚未过时，要注意动物的保暖，注意摆正动物头颈部位置以保持呼吸畅通。手术创口装着结系绷带，单笼饲养观察。术后前几天内给予静脉补液，有利于从尿道排出血液凝块。术后血尿将持续几天，要给予止血药。在恢复期内要饲喂高蛋白、高能量饲料。术后 7～8 d 拆线。

二、肾切除术

(一)手术目的

动物实验(慢性肾功能衰竭模型和肾性高血压模型)，化脓性肾炎、肿瘤、结石及肾外伤的手术治疗等。

(二)动物及保定

适用于大鼠和犬。动物侧卧位或仰卧位保定。

(三)麻醉

全身麻醉。

(四)手术方法

1. 犬肾切除术

(1)剖腹:取下腹部正中切口。切开腹壁、腹膜,进入腹腔。

(2)肾脏显露:将结肠移向右侧,在降结肠系膜后方显露左肾;右肾前端紧贴于肝脏右叶的后方,将十二指肠近端移向左侧,在十二指肠系膜后方显露右肾。

(3)分离肾脏:犬的左肾活动性较大,腹膜和后肾筋膜用镊子提起,用剪刀剪断,用手指和纱布从肾脏剥下筋膜。当肾松动时,将肾从腰下部提起,显露出肾动脉、肾静脉和输尿管。右肾的分离比左肾困难些。

(4)肾脏血管的结扎和切断:在直视条件下,以食指、中指夹持肾脏,显露肾动脉、肾静脉、输尿管。首先充分分离肾动脉,放置血管钳,贯穿结扎肾动脉,近心端3道结扎,远心端1道结扎。如果是肾癌瘤,应首先结扎肾静脉。分离肾静脉,放置血管钳,近心端与远心端各1道结扎。肾动脉与肾静脉不能集束结扎,因为易发生动、静脉瘘。

(5)输尿管分离:在肾盂找到输尿管,充分分离输尿管直到膀胱。注意结扎伸延到膀胱的输尿管断端,远心端2道结扎,近心端1道结扎,防止形成尿盲管,因为尿盲管能造成感染。输尿管断端结扎切断后,用苯酚或白金耳烧灼。摘除肾脏。

(6)缝合腹壁切口:缝合前,清除摘除肾脏后脂肪组织中的凝血块,确切止血。逐层缝合腹壁切口。

2. 大鼠肾切除术

大鼠肾切除术可分全肾摘除术和肾部分切除术。

(1)全肾切除:以肋脊角为标志作左或右背部斜切口,逐层切开分离进入腹腔,找到肾脏,并用止血钳分离肾周围脂肪囊和肾蒂,特别小心分离开肾上腺,避免损伤。充分暴露肾脏后,用手将肾脏牵引出切口外,然后左手夹持肾脏向外牵拉,右手用止血钳在肾门下将肾蒂夹住,确认肾动、静脉和输尿管均包括在内后,用丝线在钳夹处作双道线结扎或缝合结扎,切除肾脏,如图7-18所示。暂不剪断结扎线头,并将结扎的肾蒂放入腹腔。确认无出血后剪断结扎线头,缝合腹膜、腹壁。

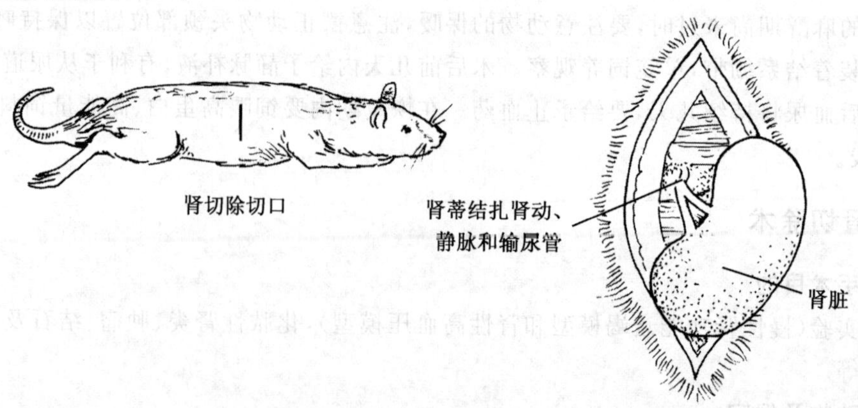

图7-18 全肾切除血管结扎

(2)肾部分切除术:以肋脊角为标志行左背部斜切口切开腹壁和腹膜,进入腹腔,充分暴露左侧肾脏,分离肾周脂肪囊,特别注意分开肾上腺,然后迅速切除左肾上、下极。上、下极切除方法有两种:一种是用刀片或剪刀直接剪切去上、下极,立即以明胶海绵压迫切断面止血,复位肾脏,清理腹腔,检查无出血后,关闭腹腔。另一种是在游离左肾后,沿拟切除肾极的边缘,切开肾脏被膜并向两侧剥下,暴露出肾实质,直到肾蒂上缘水平,再用一直针穿带两股细丝缝线或肠线,自欲切断处,穿透肾实质,在针尾处剪断缝线,将两股线分向两侧分别在肾脏的内缘和外缘处各打一扣,如图 7-19 所示。缓缓用力将线拉紧打结,将肾组织勒断,而其中结缔组织和大血管被结扎,切除拟切除的全部,将剥开的被膜复位,缝合覆盖住肾脏断面,最后将肾脏复位。清理腹腔,确认无出血后,按常规缝合腹膜、腹壁,关闭腹腔。

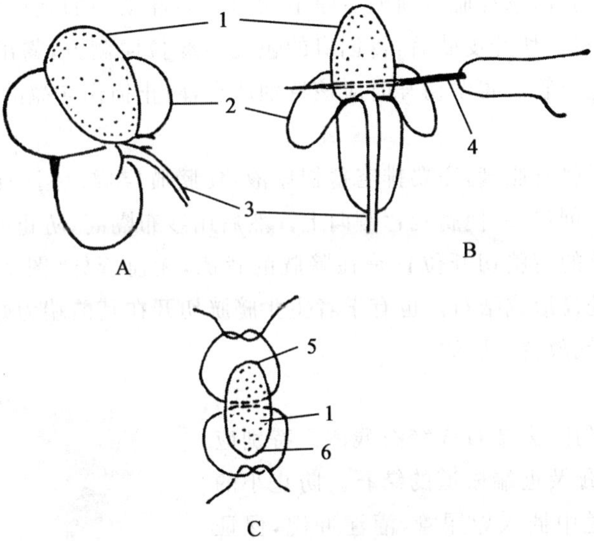

图 7-19　肾部分切除(肾上极)

A. 拨开肾被膜　B. 穿过带线长针

C. 两股长线分别在肾内缘及外缘打结(自肾上极向下鸟瞰)

1. 肾上极　2. 剥下的肾被膜　3. 输尿管　4. 长针　5. 肾外缘　6. 肾内缘

(五)术后护理

动物的麻醉期尚未过时,要注意动物的保暖。注意摆正动物头颈部位置以保持呼吸畅通。手术创口装着结系绷带,单笼饲养观察。术后给动物纠正水、电解质和酸碱平衡紊乱;全身给予抗生素治疗,防止术部感染。

第十九节　膀胱切开术

一、手术目的

动物实验需要。膀胱或尿道结石、膀胱肿瘤需行膀胱切开术。

二、动物及保定

动物为犬和猫。动物仰卧保定。

三、麻醉

全身麻醉。

四、手术方法

1. 腹壁切开

雌性动物的腹壁切开，选择耻骨前的后腹下切口。雄性动物的腹壁切开，选择耻骨前，皮肤切口在包皮侧一指宽。切开皮肤后，将创口的包皮边缘拉向侧方，露出腹壁白线，在白线切开腹壁，避免损伤腹壁血管。腹壁切开时应该特别注意，防止损伤充盈的膀胱。

2. 膀胱切开

腹壁切开后，如果膀胱胀满，需要排空蓄积尿液，使膀胱空虚。用一或两指握住膀胱的基部，小心把膀胱翻转出创口外，使膀胱背侧向上。然后用纱布隔离，防止尿液流入腹腔。

膀胱壁切开：传统的膀胱切开位置是在膀胱的背侧，无血管处（图 7-20）。因为在膀胱的腹侧面切开，在缝线处易形成结石。也有学者主张膀胱切开在其前端为好，因为该处血管比其他位置少。在切口两端放置牵引线。

3. 取出结石

使用茶匙或胆囊勺除去结石或结石残渣。特别应注意取出狭窄的膀胱颈及近端尿道的结石。防止小的结石阻塞尿道，在尿道中插入导尿管，灌注冲洗，保证尿道和膀胱颈畅通。

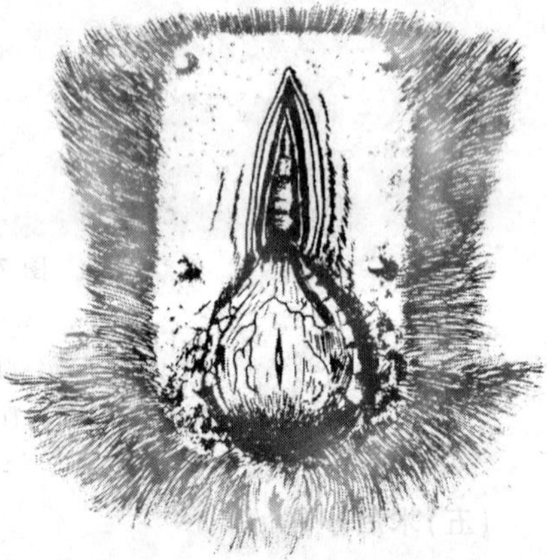

图 7-20　犬膀胱切开术

4. 膀胱缝合

在支持线之间，应用双层连续内翻缝合，保持缝线不露在膀胱腔内，因为缝线暴露在膀胱腔内，能增加结石复发的可能性。第一层应用库兴氏缝合，膀胱壁浆肌层连续内翻水平褥式缝合；第二层应用伦勃特氏缝合，膀胱壁浆肌层连续内翻垂直褥式缝合。缝合材料的选择应该采用吸收性缝合材料，例如聚乙醇酸缝线。

5. 腹壁缝合

缝合膀胱壁之后，膀胱还纳腹腔内，常规缝合腹壁。

五、术后护理

动物的麻醉期尚未过时，要注意动物的保暖。注意摆正动物头颈部位置以保持呼吸畅通。手术创口装着结系绷带，单笼饲养观察。术后动物未完全清醒时不给任何饮食，清醒后可以先喂水，然后饲喂高蛋白、高能量饲料。给予抗生素治疗，防止术后感染。注意观察术后动物的排尿情况，特别在手术后 48～72 h，有轻度血尿，或尿中有血凝块。

第二十节　垂体切除术

一、手术目的

研究动物脑垂体切除后内分泌的变化和其他动物实验。脑垂体瘤时要行垂体摘除术。

二、动物及保定

动物为大鼠和兔。动物仰卧保定。

三、麻醉

全身麻醉。

四、手术方法

(一)大鼠垂体切除术

操作者左手食、中、拇三指持大鼠头部固定,右手持抽吸器,食指按于玻璃接管之小孔上,针尖斜面严格指向大鼠颅底侧。穿刺针头先缩入套管内,沿外耳道插入,直至套管抵达耳道有触骨感觉后,将套管固定针芯用力插入,穿破颅骨,此时针尖从鼓泡内壁进入颅内达蝶枕缝附近,下丘脑下方,垂体腺上方。血管神经被针尖弯曲面推向上方,针尖斜面面对下方的垂体。然后开动负压吸引器轻轻地小幅度转动穿刺针,食指按紧玻璃接管开孔,产生负压吸引力。待见玻璃接管内有灰白色垂体组织吸出,即拔出穿刺针,手术结束。

手术注意事项:①穿刺针尖斜面严格面向颅底方向,否则负压吸引时会吸及周围脑组织。若方向相反,则吸及下丘脑组织。②针穿刺入颅内后严禁大范围摆动,以免损伤颅内血管、丘脑下部。③术后可连续 3 d 腹腔内注射 5%葡萄糖和抗生素,可提高成活率。最初两天还可肌肉注射可的松,以减少炎症和肿胀。

(二)兔垂体切除术

在外科手术显微镜下操作,切口选择在喉管与左侧下颌角之间,长约 2.0 cm。切开皮肤、皮下组织及颈阔肌,显露喉管外侧壁及附着在下颌角的翼内肌起始部,以及位于二者之间的颌下腺。紧贴翼内肌内侧向深部分离,即见到紧贴下颌骨呈前后走行的二腹肌。喉管与二腹肌肌腱之间、颌下腺之前存在一疏松间隙,很容易钝性分离达到中线。将喉管牵向对侧,可见到或手摸到中线旁颅底有一骨性突起——翼突,动物较小时此突起为软骨。咽后壁黏膜附着于该突上,自翼突后缘将中线上一薄层结缔组织向嘴侧分开或剪开,即见到纤维呈前后走行的椎前肌,该肌止于基枕骨两侧,部分纤维向前覆盖基蝶骨。在达到中线的过程中,应以翼突为标志,自切口达翼突后缘仅能见到一根很细小的静脉,完全可在无血状态下操作,但如过前或过后,均因血管神经较多难达中线,而且易造成血管神经损伤。显露椎前肌后,将咽后壁黏膜尽量向嘴侧分离并牵开,但注意不要损伤,以免术后血液流入口咽部造成窒息。将椎前肌尽量靠嘴侧自基蝶骨切断,此时注意保护中线上一粗大静脉——基蝶静脉。此静脉起于基蝶骨上的海绵孔,沿中线向后行走,撕裂后可引起出血而影响手术,不得已时可电凝刀切断此静脉。将椎前肌自基蝶骨向尾侧剥离到蝶枕缝,将基蝶静脉尽量向对侧牵拉,用一特制小型牵开器牵开切口。在蝶枕缝前方 3～5 mm 处、基蝶骨中线上用微型电钻钻孔，深 3～5 mm 即达鞍底硬膜。钻入蝶窦常有出血，用骨蜡涂抹止血。扩大钻孔，将鞍底完全显露。鞍底硬膜呈白而微带淡红色，前后弧形陷入，两则平坦。在 10 倍左右放大视野下用特制钩刀切开硬膜，垂体周围用小剥离子略加分离，用刮匙切除垂体。因垂体柄下段尚有少量垂体嗜酸性粒细胞，因而垂体柄切断处不应低于鞍隔平面。如有少许破碎垂体残留，可直视下用吸引器吸除。如需进一步垂体移植手术，则吸除鞍内血液及脑脊液后，用小剥离子分离扩大鞍隔孔，显露丘脑下部及正中隆起，将制备的垂体组织置于正中隆起周围，切取小片二腹肌片支托垂体组织并填塞鞍内。蝶骨钻孔以明胶海绵或骨蜡填塞，分层关闭切口。

五、术后护理

动物的麻醉期尚未过时，要注意动物的保暖。注意摆正动物头颈部位置以保持呼吸畅通。术后 3 d 内适量输液并应用抗生素。2 周内每日口服泼尼松（强的松）2 mg/kg，以减少术后死亡率。

第二十一节　剖腹产术

一、小鼠和大鼠的剖腹产术

（一）手术目的

剖腹产术是小鼠和大鼠进行生物净化以获得无菌动物的有效方法。动物难产时要行剖腹产术。

（二）动物及保定

适用于怀孕 18～19 d 临产的母鼠。徒手固定鼠。

（三）麻醉

大、小鼠剖腹净化时不需要麻醉。大动物剖腹产需全身麻醉。

（四）手术方法

（1）将 2％的过氧乙酸放在烧杯中加热至 35℃。

（2）用颈椎脱臼法处死妊娠 18～19 d 的孕鼠。

（3）迅速将处死孕鼠放入 2％的过氧乙酸烧杯中浸泡 1 min。

（4）用碘酒消毒孕鼠腹部。

（5）打开腹腔，找出子宫颈和 2 个子宫角，分别用止血钳夹住。

（6）用剪刀剪断子宫颈、子宫角，使子宫与母体分离。

（7）将子宫连同止血钳一起放入手术隔离器的药物灭菌渡槽中。

（8）从隔离器内取出渡槽中的子宫。

（9）用灭菌的生理盐水冲洗后放入培养皿中。

（10）剪开子宫取出连胎盘仔鼠，用纱布擦掉口、鼻上的羊膜、羊水，擦干仔鼠。对仔鼠进行按摩，仔鼠开始呼吸后剪断脐带。

（11）待仔鼠正常呼吸，身体颜色由紫色转为鲜红色后，将仔鼠传给带奶的保姆鼠。

(五)注意事项

(1)所需器械和物品经消毒达到无菌。

(2)手术隔离器要提前准备及消毒。

(3)准确推算出妊娠时间及剖腹产的最佳时间。

(4)选择经产、母性好的无菌雌鼠为保姆鼠。

二、猪的剖腹产术

(一)手术目的

(1)子宫收缩无力而引起的难产、并且助产无效。

(2)胎儿过大及畸形引起的难产。

(3)骨盆狭窄或骨折。

(4)生物净化,生产 SPF 猪。

(二)动物及保定

适用于临产母猪。右侧横卧保定或稍仰卧保定。

(三)麻醉

全身麻醉。

(四)手术方法

(1)术部:有左侧胸部垂直切口;肷部水平切口(乳房上方 7.5 cm),腹正中线切口。局部剃毛消毒。猪的腹壁脂肪发达。尤其是肷部切口脂肪更厚。正中线切口脂肪较薄。子宫角易取出于切口外。但腹压大,不利于腹壁的缝合。

(2)取出胎儿:胎儿数少时,通常由一个子宫切口可将胎儿取出。但胎儿数多时则宜设立2～3 个子宫切口。一部分子宫收缩强欲将胎儿移至切口处有困难时。必须设立较多的子宫切口。欲将胎儿移动时,可将手伸入子宫内牵引或从子宫外面压迫,或两者协助之。子宫切开于大弯部,胎衣容易剥离时即随之除去。剥离有困难时则维持原样,要仔细检查子宫角前端及骨盆腔内有无胎儿遗存,无胎儿时则于子宫内注射抗生素,而后缝合子宫及腹壁。

(五)术后护理

动物的麻醉期尚未过时,要注意动物的保暖。动物置于干燥而清洁的铺垫物上,注意摆正动物头颈部位置以保持呼吸畅通。手术创口装着结系绷带,单笼饲养观察。术后 7～8 d 拆线。术后动物未完全清醒时不给任何饮食,清醒后可以先喂水,手术要禁食 3 d 并补液。在恢复期内要饲喂高蛋白、高能量饲料。

三、犬、猫的剖腹产术

(一)手术目的

(1)子宫收缩无力而引起的难产、并且助产无效。

(2)胎儿过大及畸形引起的难产。

(3)生物净化,生产 SPF 犬、猫。

(二)动物及保定

动物为犬和猫。横卧位保定或仰卧位保定。

(三)麻醉

全身麻醉。

(四)手术方法

仰卧保定时采取腹底壁正中线耻骨前缘至脐部间切口,横卧保定时采取肷部斜切口。常规开腹后取出胎儿或切除子宫。

取出胎儿的方法同猪的剖腹产。胎儿全部取出后,子宫会马上开始收缩,这种收缩对止血很重要。如在关闭子宫时仍不见收缩,可使用催产素 1～2 U/kg 体重,或麦角新碱 0.02～0.1 mg/kg 体重。常规缝合子宫及关腹。

子宫有坏死倾向时要全摘除,同时摘除两侧卵巢。

(五)术后护理

动物的麻醉期尚未过时,要注意动物的保暖。将动物置于干燥而清洁的铺垫物上。注意摆正动物头颈部位置以保持呼吸畅通。手术创口装着结系绷带,单笼饲养观察。一般术后 7～8 d 拆线。术后动物未完全清醒时不给任何饮食,清醒后可以先喂水,手术要禁食 3 d 并补液。在恢复期内要饲喂高蛋白、高能量饲料。

第二十二节 卵巢、子宫摘除术

一、犬的卵巢、子宫摘除术

(一)手术目的

某些实验的需要,雌性犬的绝育术、卵巢肿瘤、子宫肿瘤时需行卵巢或子宫摘除。

(二)动物及保定

犬仰卧保定。

(三)麻醉

全身麻醉。

(四)手术方法

(1)从脐后方沿腹正中线切开皮肤、皮下组织及腹白线、腹膜,显露腹腔,切口的大小依动物个体大小而定。用小创钩将肠管拉向一侧,当膀胱积尿时,可用手指压迫膀胱使其排空,必要时可进行导尿和膀胱穿刺。

(2)术者手伸入骨盆前口找到子宫体,沿子宫体向前找到两侧子宫角并牵引至创口,顺子宫角提起输卵管和卵巢,钝性分离卵巢悬韧带,将卵巢提至腹壁切口处。

(3)在靠近卵巢血管的卵巢系膜上开一小孔,用 3 把止血钳穿过小孔夹住卵巢血管及其周围组织(三钳钳夹法),其中一把靠近卵巢,另两把远离卵巢;然后在卵巢远端止血钳外侧 0.2 cm 处用缝线做一结扎,除去远端止血钳(图 7-21),或者先松开卵巢远端止血钳,在除去止血钳的瞬间,在钳夹处做一结扎;然后从中止血钳和卵巢近端止血钳之间切断卵巢系膜和血管(图 7-22),观察断端有无出血,若止血良好,取下中止血钳,再观察断端有无出血,若有出血,可在中止血钳夹过的位置做第二次结扎,注意不可松开卵巢近端止血钳。

(4)将游离的卵巢从卵巢系膜上撕开,并沿子宫角向后分离子宫阔韧带,到其中部时剪断索状的圆韧带,继续分离,直到子宫角分叉处,然后切断卵巢系膜和血管。

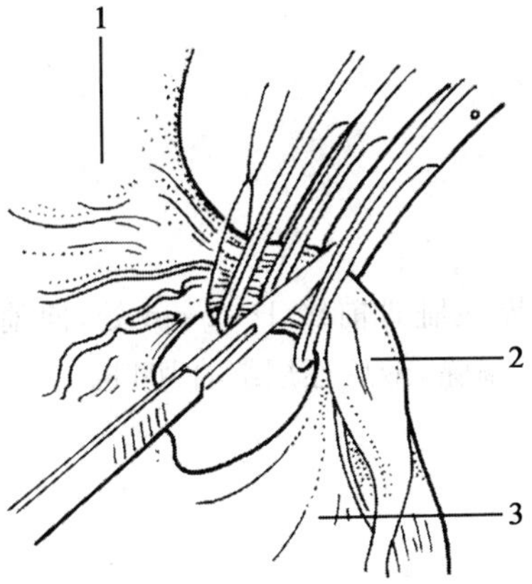

图 7-21　三钳钳夹发结扎卵巢血管

1. 肾脏　2. 卵巢　3. 卵巢系膜

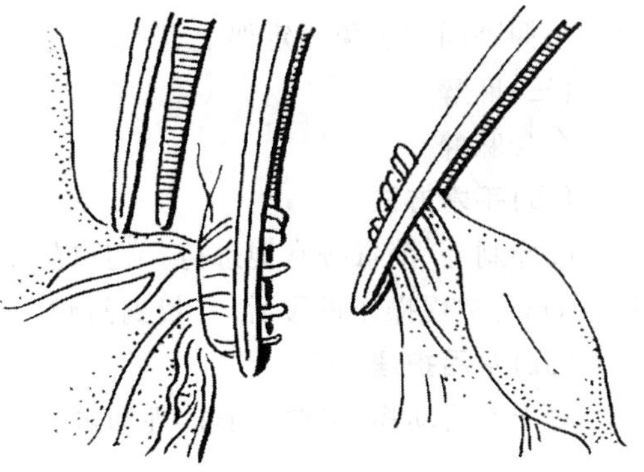

图 7-22　在松钳的瞬间结扎卵巢血管

(5)结扎子宫颈后方两侧的子宫动、静脉并切断，然后尽量伸展子宫体，采用上述三钳钳夹法钳夹子宫体，第一把止血钳夹在尽量靠近阴道的子宫体上，在第一把止血钳与阴道之间的子宫体上做一贯穿结扎，除去第一把止血钳，从第二、三把止血钳之间切断子宫体，去除子宫和卵巢。松开第二把止血钳，观察断端有无出血，若有出血可在钳夹处做第二针贯穿结扎，最后把整个蒂部集束结扎。

(6)清创后常规闭合腹壁各层。

(五)术后护理

创口处做结系绷带，全身应用抗生素，给予易消化的食物，1 周内限制剧烈运动。

二、猫的卵巢、子宫切除术

(一)手术目的

某些实验的需要，雌性猫的绝育术、卵巢肿瘤、子宫肿瘤时需行卵巢或子宫摘除。

(二)动物及保定

猫仰卧保定。

(三)麻醉

全身麻醉。

(四)手术方法

取腹中线切口，脐与骨盆耻骨连线的中点为切口中点，向前、向后切开 4～8 cm。术式和犬的基本相同，因猫的体型小，手术应更加细心。

(五)术后护理

创口处做结系绷带，全身应用抗生素，给予易消化的食物，1 周内限制剧烈运动。

三、兔的卵巢摘除术

(一)手术目的

某些实验的需要。雌性兔的绝育术、卵巢肿瘤、子宫肿瘤时需行卵巢或子宫摘除。

(二)动物及保定

兔仰卧固定于兔固定架上。

(三)麻醉

全身麻醉。

(四)手术方法

腹部剃毛、消毒按常规进行。切口位于腹白线上，后界在耻骨前缘 1～2 cm 处，向前延长 3～4 cm。常规操作进腹后，寻找到两侧卵巢，将其结扎后摘除，最后逐层缝合切口。

(五)术后护理

对于术后动物，采取一般护理即可。

四、大、小鼠的卵巢摘除术

(一)手术目的

切除卵巢的动物雌激素分泌水平下降而引起的骨质疏松其发病过程与人类女性绝经后骨丢失相近，该手术是制作该动物模型的基本方法。

(二)动物及保定

大鼠采取腹部切口仰卧固定，小鼠采取背部切口俯卧固定。

(三)麻醉

全身麻醉。

(四)手术方法

(1)腹部切口：腹部术部剃毛、消毒。正中切开腹部皮肤，钝性分离腹肌腹膜后进腹。寻找到卵巢后，用镊子夹取出卵巢并用丝线结扎，然后将之摘除。最后缝合切口。

(2)背部切口：剃去背毛(肋骨之后，脊椎部分)，消毒皮肤。去掉小鼠位于肾下缘卵巢部位的毛后，很容易透过菲薄的肌膜看见肠网膜和输卵管围绕着的两个浅黄色的卵巢。于卵巢部的肌膜上做一小切口，然后用眼科镊子取出卵巢，以丝线结扎并切除。缝合肌肉和皮肤。

(五)术后护理

对于术后动物，采取一般护理即可。

第八章　输液、输血及给氧

第一节　输　　液

输液是补充机体丢失的体液及其某些电解质或营养物质，为临床上经常应用的一种治疗方法，患病动物常因水或电解质的平衡发生紊乱，而超过了畜体自身的调节能力，甚至危及生命，输液疗法就是由静脉输入和补充给机体一定的液体和电解质，充分调动机体对水盐代谢的调节能力，以恢复家畜机体水盐代谢的平衡。输液的目的：一是为了补充循环血液量，如家畜因为严重的腹泻、大出汗，或急性大失血后，使畜体脱水失盐，引起血液浓稠，循环血量减少而病情危重，及时输液对恢复循环血液量效果快，常用于抢救病畜；二是恢复体液渗透压，恢复水盐代谢平衡，这是因为脱水时往往体内水和盐同时丧失，引起体液的渗透压发生变化，水在体内的分布发生变化，输液时及时补充适量的水和盐类，有利恢复机体正常的渗透压；三是纠正酸、碱中毒，恢复平衡；四是补充营养、维护机体的正常机能；五是输入药物，治疗疾病。

一、水、电解质的正常代谢

(一)体液分布及主要电解质成分

动物体液占体重的60%左右，幼畜的体液量较多。体液分为细胞内液和细胞外液，细胞内液分布在细胞内，约占体重的20%，其中分布在细胞周围的组织间液约占体重的15%，血浆存在于血管中，约占体重的5%。组织间液中有一特殊部分，是由上皮细胞分泌的，分布在密闭的腔隙(如颅腔、胸膜腔、腹膜腔、关节囊)中，称为第三隙液或跨细胞液。体液中的溶质包括电解质和非电解质两大类。后者在溶液中不解离，因而不带电荷，也包括大多数蛋白质、尿素、葡萄糖、氧、二氧化碳和部分有机酸等。各种盐在水中解离为带电荷的离子称为电解质。细胞内、外总电解质浓度相等，但在组成上由于有细胞膜的屏障作用，故有很大差异。细胞外液的主要阳离子为 Na^+(142 mmol/L)，其次为 K^+(4 mmol/L)；主要阴离子为 Cl^-(103 mmol/L)和 HCO_3^-(27 mmol/L)，是细胞直接接触的环境，是机体与外界进行物质交换的必要条件，故称为内环境，它的变化影响到各组织的生命活动。细胞内液含 K^+、HPO_4^{2-} 和蛋白质较多，是细胞进行生命活动的不可缺少条件。细胞外液的主要阳离子和主要阴离子之差值称为阴离子隙，即 $AG=[Na^+]-([Cl^-]+[HCO_3^-])$ 或 $([Na^+]+[K^+])-([Cl^-]+[HCO_3^-])$。在 $[Na^+]$ 不变时，AG 增高表明有其他阳离子增多(如酸中毒)或动物 HCO_3^- 丢失过多；AG 降低见于高蛋白血症、低钠血症、高氯血症等情况，临诊上 AG 作为判断电解质之间关系和酸碱平衡障碍的一项指标。

(二)体液中水与电解质的交换

1.电解质在各部位体液之间的交换

血管内液与组织液之间隔着毛细血管壁。除蛋白质外，水和小分子溶质均可自由通过。其浓度基本相同，因此通常以血浆电解质代表细胞外液电解质。溶质在细胞内外交换的主要屏障是细胞膜。细胞膜允许脂溶性物质自由通过，而许多电解质需经过“通道”进出。这种运动涉及主动转运和被动转运两种不同的机制。前者逆浓度或电荷梯度转运，需要消耗能量；后者则以弥散与渗透等形式顺浓度或电荷、压力梯度进行。

2.水在各部位体液之间的交换

水可以自由地通过体内所有的膜，其运动主要由渗透压和静水压控制。溶液的渗透压取决于溶质的分子或离子的数目。体液内起渗透作用的溶质主要是电解质。细胞外液渗透压的90%～95%来源于单价离子 Na^+、Cl^- 和 HCO_3^-，剩余来源于其他离子、葡萄糖、氨基酸、尿素以及蛋白质等。血浆蛋白质所产生的渗透压极小，但由于其不能自由透过毛细血管壁，因此对于维持血管内外液体的交换和血容量有十分重要的作用。通常血浆渗透压在 280～310 mmol/L 之间，在此范围的称等渗，低于此范围的称低渗，高于此范围的称高渗。维持细胞内渗透压的离子主要是 K^+，其次是 HPO_4^{2+}。

(三)体液平衡的调节

体液容量及渗透压的相对稳定是通过神经-内分泌系统的调节实现的。主要有渗透压调节和容量性调节两方面。

1.体液平衡的渗透压调节

血浆渗透压变化主要由渴感及 ADH 调节，通过下丘脑—垂体—肾小管进行。渗透压感受器主要分布在下丘脑视上核。当细胞外液渗透压有1%～2%的变动(如人食入盐太多)时，即可刺激渗透压感受器和其侧面的渴觉中枢，影响抗利尿激素的释放，并反射性引起渴感，渴感导致饮水，而 ADH 可改变肾远曲小管、集合管对水的通透性，增加水的重吸收，结果使体液容量增加，血浆渗透压趋于正常。反之，若血浆渗透压降低则引起相反的反应，抑制渴感和 ADH 的释放。非渗透性刺激，即血容量和血压的变化也可通过左心房和胸腔大静脉处的容量感受器及颈动脉窦和主动脉弓的压力感受器而影响 ADH 的分泌，但相比之下。细胞外液容量要有较大幅度的变化才能刺激 ADH 的释放。

2.体液平衡的容量性调节

细胞外液容量的变化主要通过肾素—血管紧张素—固酮系，导致肾脏对钠、水的重吸收增加，从而使已经减少的体液容量得以恢复。近年还证明。心房利钠肽(atrial natriuretic peptide，ANP)和水通道蛋白也是影响水、钠代谢的重要因素。心房利钠肽是一组由心房肌细胞产生的多肽，由 21～23 个氨基酸组成。血容量增加可刺激心房肌细胞合成和释放 ANP。ANP 的作用主要是：①抑制肾素和醛固酮的分泌；②对抗紧张素的缩血管反应；③拮抗醛固酮的保钠作用。因此，体内的 ANP 系统和肾素-血管紧张素-醛固酮系统从正、反两方面共同调节着水、钠代谢。

水通道蛋白(aquaporin，AQP)是一组构成水通道与水通透有关的细胞膜转运蛋白，广泛存在于动物、植物及微生物界。目前在哺乳动物组织鉴定的 AQP 有 6 种 (AQP0、AQP1、AQP2、AQP3、AQP4、AQP5)，每种 AQP 有其特异性的组织分布。AQP1 位于红细胞膜上，生理状态下有利于红细胞在渗透压变化的情况下得以生存。此外，AQP1 也位于近曲小管亨氏袢降支管腔膜与基膜以及降支直小血管管腔膜和基膜，对水的运输和通透发挥调节作用。AQP2 和 AQP3 位于集合管，在肾浓缩尿的机制中起重要作用。当 AQP2 发生缺陷时，将导致尿崩症。拮抗 AQP3 可产生利尿反应。AQP4 位于集合管主细胞基质侧，可能提供水流出通道。AQP5 主要分布于泪腺和颌下腺，可能的作用是提供分泌通道。肺泡上皮 1 型细胞上也有 AQP5 的分布，其对肺水肿的发生有一定作用。AQP0 是眼晶状体纤维蛋白的主要成分（占 60%），现认为其对水通透的特性是维持晶状体水平衡的机制，改变 AQP0 功能可能会导致晶状体水肿和白内障。水通道的发现对于水代谢的研究有重要意义，但目前的研究还是初步的，许多问题尚待进一步研究。

二、水、电解质代谢平衡失调及其处置

正常时，水、电解质由胃肠吸收，从肾、肺、皮肤等排出，成年动物每日体液的进出量基本相当。吸收的水、电解质又在血浆、组织间液及细胞内液之间不断地进行交换，保持相对平衡。

如果水和电解质的摄入不足甚至缺乏，或者排出过多（包括手术及外伤的失血失液），超出了机体调节功能的范围，都会引起体液平衡失调，造成缺水。

（一）补液数量的估计

在纠正水和电解质平衡失调，估计补液量之前，首先，依进出水量（进水不足或排水过多）的情况，或依表现脱水的症状，分析判断已经失水的数量。然后再估计补液量。按临床症状，估计已经失水量，可分以下 3 种情况：

（1）轻度脱水：动物精神沉郁，口腔干燥，多饮，尿量减少，皮肤干燥、弹力减退。其失水量约占体重的 4%。

（2）中度脱水：少尿或无尿，循环障碍，血液黏稠，血浆减少。失水约占体重的 6%。

（3）重度脱水：体温升高，眼球内陷，角膜干燥无光泽，静脉充盈不足，精神兴奋或沉郁，甚至昏迷。失水量约占体重的 8%。

估计补液量时，从理论上讲，根据“缺多少，补多少”的原则，成年动物 24 h 内，补液量应等于已经失水量加上当日需水量及当日可能继续丢失量的总和。但在时间上，不能机械的依计算数值单纯追求绝对平衡。事实上，绝对平衡发展的东西是没有的，体液丢失量的估计也不可能十分精确，况且机体有强大的调节能力，因此要充分重视机体内因的主导作用。

补液估计量＝已经失水量＋当日需水量，并分 2～3 次输给（即先输给 1/2 或 1/3 量）。观察效果，随时修订输液量。如果输入 1/2 或 1/3 量后，患病动物精神好转，脉数减少（由每分钟 100 次以上减至 80～60 次），脉性充实有力，排尿，表示输液适度，再输入其当天可能继续丢失量即可。否则，表示不足，尚需继续输给。

（二）水、钠比例的确定

机体脱水，经常是水、钠同时丢失，造成钠离子进出平衡失调。但脱水原因不同，钠离子丢失程度不一，故补液时应以脱水性质、症状，分析钠离子丢失程度，确定输水与补钠的比例。

1. 单纯性脱水（高渗性脱水）

在进水不足（如长途运输、咽炎、舌伤、颌骨骨折、食管梗塞、某些手术后不能进食或禁饲时未得到及时给水，以及破伤风、脑外伤或脑疾病等不能饮水）或排水过多（如重役或炎热下出汗过多，高烧、呼吸加深加快，或使用高渗利尿剂、高渗葡萄糖溶液、甘露醇）时，机体的水出多入少，造成失液为单纯性脱水。这种失液以失水为主，失钠较少。因此，血浆中钠离子浓度相对

增高，血浆吸水力增强，故称高渗性脱水。

由于血浆渗透压增高，一方面刺激丘脑下部渗透压感受器，引起饮欲增强，同时反射地引起垂体后叶抗利尿素释放增多，促进肾小管重吸收水分，使尿量减少。另一方面吸收细胞内水分入血浆，使血浆量得到代偿性补充。又由于细胞内液被吸收到细胞外，体细胞内渗透压也增高，导致唾液等分泌减少，口咽干燥亦能增高饮欲。

单纯性脱水较缺钠性脱水对机体影响轻。因为它主要引起细胞外脱水，皮肤及黏膜异常干燥，而血浆可得到代偿性补充，血液黏稠度变化不大，循环衰竭亦不常见。但脱水过久，则可造成细胞内失水，引起一系列的代谢和功能障碍，体温升高，四肢无力，甚至昏迷等。

单纯性脱水，以补水为主。即在补液估计量中，糖水与盐水的比例为 2∶1。

2. 缺钠性脱水（低渗性脱水）

在中暑、急性过劳、剧役等全身大出汗后，只饮大量清水时，可引起缺钠性脱水。汗液与细胞外液比较本为低渗性液体，但在大汗后只饮大量无盐清水，没有适时补盐，则会转化为缺钠性脱水。由于缺钠，细胞外液渗透压降低，故又称低渗性脱水。

由于细胞外液渗透压降低，而肾功能正常，过多的水分从尿中排除，血浆及组织水分也减少，引起血液浓缩、黏稠度增高，循环血量减少，外周循环障碍。表现四肢无力、肌肉震颤、静脉充盈不足、血压下降、皮肤弹力减退、眼球内陷等。

此时，如果继续给无盐之水，在肾功能良好时，水分随补随失，出现随意排尿而病情不见改善的现象（只见尿不见效）。在由于循环障碍而肾功能障碍甚至衰竭时，则水分潴而不尿，细胞外液更为低渗，细胞内液吸水，细胞水肿，发生水中毒。细胞水肿、膨胀，特别是脑细胞膨胀，出现脑内压增高，昏迷，甚至痉挛而死。因此，此种脱水对机体影响较重。

缺钠性脱水，以补钠为主。在补液估计量中，糖水与盐水的比例为 1∶2。如能自饮，给与1%盐水则为经济便利。

3. 混合性脱水（等渗性脱水）

在烧伤、肠阻塞、小肠瘘、胃肠减压、腹泻、大量出汗等时所造成的失液，水、钠丢失的比例基本相近，故称为混合性脱水。外伤性大失血、手术中失血失液也属此种类型。

在混合性脱水时，水仍然不断地从肾、肺和皮肤排出，所以失水略多于失钠，血浆渗透压相对的稍高，吸水力相对增强，夺取细胞内的水分，表现口干口渴、尿少。又因为钠已有一定量的丢失，血浆吸水力增高不多，从细胞内吸取的水分不足以补偿细胞外液的丢失量，致使血液及组织液浓缩，表现眼球内陷、皮肤弹力减退、静脉充盈不足、血液黏稠、脉快而弱，甚至血压下降、发生休克。其对机体的影响，近乎于缺钠性脱水，影响也较重。

混合性脱水，则应补水与补盐并重，在补液估计量中，糖水与盐水比例为 1∶1，或输给葡萄糖生理盐水。

（三）分析是否缺钾

钾离子对维持细胞内液容量有重要意义，对神经、横纹肌有兴奋作用，对心肌则有抑制作用。

血钾的水平，由钾离子的摄入和排出情况决定，也受到细胞内液中钾离子进出情况影响。钾离子在合成代谢加强、碱中毒时，进入细胞内。在分解代谢加强、酸中毒时，由细胞内释放出而进入血浆。钾离子代谢失调，则会发生低钾血症（缺钾）或高钾血症（钾中毒），临床上以前者多见。

低钾血症可由以下原因所引起：

(1)钾的摄入不足，见于食管阻塞等长时间不能进食或手术和禁饲而未补钾时。

(2)钾的排出过多，见于肠阻塞、消化器官瘘、胃肠减压，以及腹泻时消化液大量丧失。手术或创伤后及严重感染时，可促使肾上腺皮质激素增多，产生钠潴留及尿中钾排出增多。组织大量破坏分解及体液外渗，均可使细胞外液钾大量丧失。

(3)钾在体内分布失常，如葡萄糖进入细胞内形成糖原需要钾，故当大量输入葡萄糖液而未补钾时，可引起血钾浓度降低。

缺钾时，由于神经、横纹肌兴奋降低，呈现精神沉郁、不注意周围事物、肌肉无力、四肢软弱甚至麻痹、腹胀（胃肠麻痹性扩张）。又由于心肌兴奋增强，而呈现心搏动增强（心悸）、节律不齐，严重时导致心力衰竭。化验检查时，血钾浓度降低。

缺钾时，应口服碘化钾，或在补液量内输入复方氯化钠乳酸盐溶液，或将10%氯化钾加入5%葡萄糖溶液（稀释成0.3%氯化钾溶液）输入。

补钾时，因钾离子进入细胞内需要一个过程，如在短时间内补钾过多，会使血钾浓度突然增高，造成心跳停止。所以尽量采取口服，或者在肾功能正常，脱水初步纠正、排尿恢复后，静脉滴入。

三、补液途径及注意问题

（一）消化道补液法

经消化道补液时，应注意胃肠吸收机能。对胃肠吸收机能正常的动物，能自行饮水时，可依据补液目的，给以清水或0.5%～1.0%食盐水，让其自饮；不能自行饮水时，可经胃管灌服稀粥（或淀粉浆），或在其内加入食盐（按100∶1），兼有补液和营养作用。对胃肠吸收机能不好的动物，不应经消化道补液。

（二）静脉内补液法

静脉输液时，应时刻注视心肾功能，掌握输液数量，控制输液速度及药液温度。

在输液之初或心脏功能良好的动物，血液黏稠、循环障碍时，输液速度可快些。当休克时，宜加快输液速度。当输至一定数量（循环血量基本恢复、全身机能已有好转）、或手术中输液以及对于心力衰竭动物，宜点滴输入，输液速度要控制在10～20 mL/min（100～200滴/min），依病情，持续3～6 h，效果较好。无点滴输液装置时，可使输液瓶内药液面与静脉刺针点的垂直距离控制在9 cm。

如果输至一定数量，尚不见病动物排尿，或尿量不见增加，表示肾功能发生障碍，应减慢输液速度。经过缓慢输液后。若仍不见排尿，则表示肾衰竭，即应停止输液。如果继续大量输入，则会引起水、钠在体内潴留，可发生水中毒。

输入药液的温度，以与体温同高最为适宜，一般不要低于20℃，以减少肌体遭受过冷的刺激和热能的消耗。

（三）腹腔内及皮下补液法

当腹膜吸收机能良好时，可向腹腔内注入待补液体。一般猴可向腹腔内输注液体100～200 mL，犬可承受100～300 mL。在实验动物犬、兔、猴等皮下结缔组织发达的部位，如颈部、肩部等可向皮下注入一定量液体，一般采用分点注射，每个注射点可注10～30 mL不等。由于腹腔内和皮下补液吸收速度较慢，一般不适于危重动物的抢救。另外，具有一定刺激性药液也不宜经腹腔和皮下补给。

第二节 输 血

输血在动物疾病治疗和实验中是一种重要的方法，特别是在一些重危动物的救治中更显得突出。给患病动物输入血液可部分或全部地补偿机体所损失的血液，扩大血容量，同时补充血液的细胞成分和某些营养物质。输血有止血作用，能促进凝血过程。输入血液能激发肝、脾、骨髓等各组织的功能，并能促使血小板、钙盐和凝血活酶进入血液中。这些对促进血液凝固有重要作用。同时，输血还具有解毒、补偿以及增强生物学免疫功能等作用。

一、输血的适应症

(一)输入全血的适应症

全血指加有抗凝剂的血液。输入全血主要是用于：大失血、外伤性休克，输入全血以补充和维持血液容量，提高血压，防止休克，提高机体各器官功能；亚硝酸盐、氢氰酸或一氧化碳中毒时，以供给具有带氧能力的红细胞，解救和治疗这些中毒所造成的缺氧；血液凝固障碍性疾病时，以补充各种凝血因子，提高血液凝固性；大手术时，术前输给10% 氯化钙液作抗凝剂的血液，以补充血液容量，提高血液凝固性，减少术中出血。但在严重的心血管系统疾病、肾脏疾病和肝病等时禁止输血。

(二)输入红细胞的适应症

输入红细胞是指加抗凝剂的血液，在红细胞下沉后弃去上层血浆，取下部红细胞加入生理盐水后输给动物。主要是用于溶血性或营养性贫血时，若血浆蛋白属于正常范围，其贫血的纠正可仅靠输入红细胞；重症的全身化脓感染性疾病如败血症、脓毒症等，以及机体内红细胞破坏加速，造血机能代偿不足时，输入红细胞促进血细胞再生，增强网状内皮系统的功能，提高机体抗病能力，有利于患病动物早日康复。

(三)输入血浆的适应症

除大失血之外的休克、严重烧伤、急性或持续性腹泻，输入血浆以提供血浆蛋白的生理平衡，保持胶体渗透压，纠正水、电解质和酸碱平衡失调。

二、输血与血型的关系

“血型”一词表示不同的血液类型。血型的概念，在20世纪上半叶，只限于红细胞的表面抗原，即红细胞抗原的差异。现在较广义的血型概念，不仅包括红细胞、白细胞、血小板以及组织细胞的抗原差异，而且还包括血红蛋白、白蛋白、球蛋白及各种酶的差异。因此，血型比较复杂。目前认为，马有8个血型系统，牛有11个血型系统，绵羊有7个血型系统，猪有14个血型系统，犬有7个血型系统，鸡有10个血型系统，貂有4个血型系统，兔有1个血型系统。

在理论上，输血时应输以同型血液或相合血液，否则会发生输血反应，这是因为血清内含有特异性抗体，如红细胞含有相应抗原时，该抗体能与输入的红细胞起反应，凝集成团块，随后发生溶血。实践证明，尽管动物的血型繁杂，但无论是犬或猪，首次输血都可选用任何一只同种动物血液，而不管它与受血动物是否属同一血型，通常都不会发生严重危险。这是因为动物血清中自然抗体不像人那样有规则地发生，即使有抗体存在其效价也很低的缘故。但少数动物的血清中有时也可发现某种自然抗体，也可出现输血反应，其中有些是临床上较难察觉的。

无论何种动物，当其接受某一同种动物血液后，都能在3～10 d期间产生免疫抗体，如果此时又以同一供血动物血液再次输血时就容易产生输血反应。因此输血前尚需进行血液相合检验。

三、血液相合性试验

输血前必须进行血液相合性试验，以防发生输血反应。临床上用的血液相合性的方法有三滴试验法、玻片交叉凝集试验法、试管交叉凝集试验法和生物学试验法。同时要关注受血动物的在输血过程中的表现，尤其受血者的体温、脉搏、呼吸及可视黏膜等的明显变化。

(一)三滴试验法

先用吸管向载玻片上滴1滴4%枸橼酸钠液，再用两只吸管分别滴加受血动物血液与供血动物血液各1滴，搅拌混匀，观察。若发生凝集现象为阳性反应，即不相合血液，不可进行输血。若不成现凝集现象为阴性反应，即相合血液，可进行输血。

本法简单易行，但精确性差。

(二)玻片交叉凝集试验法

(1)由受血动物静脉采血5～10 mL于试管内，放室温下分离血清，或于试管内加4%枸橼酸钠(其与血液比为1∶9)分离血浆。

(2)由预选供血动物3～5头静脉内各采血1～2 mL，分别放于试管内。用全血时，以生理盐水作5倍稀释；用红细胞时，以生理盐水作10倍稀释。

(3)用吸管分别吸取受血动物血清或血浆，滴于每一玻片上各2滴(预定供血动物几头，需用几张玻片)，立即用另一吸管吸取预选供血动物的血液稀释液或红细胞稀释液，分别加1滴于玻片上的血清或血浆内。

手持玻片，轻轻向两侧转动，使受血动物血清或血浆与预选供血动物血液稀释液或红细胞混合均匀。在室温下经10～15 min，观察凝集反应结果。

(4)判定标准。

阴性反应：玻片上的液体均匀红染，无任何红细胞凝集现象。显微镜下观察，每个红细胞界限清楚。呈阴性反应者为相合血液，即预定供血动物血液可输给受血动物。

阳性反应：玻片上的混合液体中，红细胞呈砂粒状凝集，而液体部分则透明。显微镜下观察，红细胞彼此黏集一起，细胞界限分辨不清。

(5)本试验的注意事项。

①本试验最好在18～20℃室温下进行。温度过低(一般在0～5℃时)可出现冷凝集。对此，可先用37～45℃的生理盐水洗涤红细胞，之后再作试验。温度过高或观察时间过长，则水分蒸发，血清浓缩，而红细胞聚集。

②有时可出现假凝集，此时红细胞连成串钱状，这并非真正凝集。其原因尚不清楚。鉴别时，可滴加1～2滴生理盐水，混匀后红细胞串钱状团块即可散开，而真凝集时其仍呈块状。

③所用血液必须新鲜而无溶血现象，所用玻片、试管、吸管等必须清洁干燥，不可混用。

(三)试管交叉凝集试验法

(1)从预选供血动物(3～5头)和受血动物的静脉内各采血5～10 mL，分别置于标有标签的试管中，静置或离心分离出血清，或用抗凝血分离出血浆。把血清或血浆分别移入另外的试管中。

(2)取各试管内的凝血块(或红细胞)少许,分别置于含有生理盐水的试管内,混匀,使红细胞混悬液的颜色成番茄汁样。

(3)每个预选供血动物的血样需要离心管2支,一支离心管作主试验,即先加受血动物血清或血浆1滴,后加预选供血动物的红细胞混悬液2滴;另一只离心管作次试验,即加受血动物红细胞混悬液1滴,再加预选供血动物血清或血浆2滴。

(4)将离心管置37℃水浴5~8 min,或室温下静置30 min。

(5)将上述离心管以1 000 r/min离心1 min,取出离心管进行震荡并仔细观察反应现象。

阳性反应:管内有明显红细胞凝块,轻度震荡不易分散。

阴性反应:红细胞仅沉积于管底而不发生凝集,轻度震荡后可重新呈现混悬液。

做本试验时,与玻片交叉凝集试验一样,亦须注意假凝集、冷凝集现象等。

(四)生物学试验法

交叉凝集试验法鉴定血液相合性是有价值的,但终究是在体外进行,不能完全代表体内反应。生物学实验法则是鉴定血液相合性的直接依据。无论是首次输血还是重复输血,均应在做凝集试验阴性之后,再做生物学试验。在生物学试验阴性的情况下,方可进行大量输血。对于紧急救治患病动物,来不及作凝集试验时,亦可作生物学试验,试验阴性时则可进行输血。

生物学试验方法:先对受血动物进行体温、呼吸、脉搏、黏膜颜色等检查并记录。采供血动物的抗凝血液,一次输给受血动物。观察10 min,检查受血动物的上述指标有无改变。如果无任何不良变化,说明输入血液为相合血,可继续进行输血。

动物接受试验剂量的血液之后,表现不安,呼吸加快,脉搏增数,黏膜发绀,肌肉震颤,肠蠕动亢进,频频排尿排粪,出汗等症状,说明输入的血液为不相合血,应更换供血动物。出现的反应,一般20~30 min自然消失,通常无需处理。

四、输血的方法、速度及剂量

输血方法通常取静脉输入(同静脉注射法)。输入前,要轻轻晃动贮血瓶使血浆与血细胞充分混合均匀。输血中,要随时晃动贮血瓶,防止红细胞沉降堵塞输血管针。

动物因失血过多等原因导致血容量严重下降,静脉严重瘪陷,穿刺静脉非常困难时,可寻找适宜血管行血管分离或切开术后,再行输血。术毕,将该血管结扎。

输血速度和疾病种类、动物心肺功能有密切关系。通常是输血速度宜缓慢。心脏衰弱、肺水肿、肺充血时,输入速度宜减慢。对于一般性消耗性疾病,如寄生虫病,长期化脓性感染时,通常以缓慢输入为宜。输血操作时应严格保证无菌。

一次性输血量应视动物体重、病情需要而定。急性大出血时,应该大量输血以挽救生命;以止血为目的,宜用小剂量,犬一般输血量为5~7 mL/kg。

重复输血时,为避免输血反应,应采用更换供血动物,或缩短重复输血的时间间隔,即在动物尚未形成特异抗体(一般均在3 d内)时进行重复输血。

五、输血反应及其防治

(一)发热反应

发热反应是较常见的输血反应。一般认为是热源存在的结果。主要表现是寒颤、出汗和体温升高。发热反应可发生在输血中或输血后 1 h 以内。

在输血中出现发热反应时,可在每 100 mL 血液中加入 2%普鲁卡因 5 mL 或氢化可的松 50 mg 输入,放慢输血速度,并注意观察。如症状继续加剧应停止输血。在输血后出现发热反应时,反应轻微者大多可以自行消退;反映严重者,可给以镇静剂,静脉输入 10%葡萄糖酸钙或葡萄糖液。

为预防发热反应的发生,输血用具须严格清洗及灭菌,所有操作要严格执行无菌操作规则。对重复输血动物,应注意保温,或预先给予镇静剂或在血液中加入普鲁卡因等。

(二)溶血反应

发生溶血反应的主要原因是输入不相合血液所致。溶血反应的主要表现是在输血过程中受血动物突然出现不安,呼吸困难,脉搏频数,肌肉震颤,不时排尿排粪,体温升高,出现血红蛋白尿,可视黏膜发绀或出现休克。

溶血反应是比较严重的一种输血反应。一经发现应立即停止输血,该注适量的生理盐水或 5%~10%葡萄糖液,随后注入 5%碳酸氢钠液。皮下注射 0.1%盐酸肾上腺素。并应用强心、利尿剂。对肝功能较差动物尚需注射维生素 B、维生素 C、维生素 K 等。

为预防溶血反应的发生,输血前必须作血液相合性试验,特别是重复输血时尤应如此。

(三)空气栓塞

当输血管内空气未排尽,或输血管连接不紧或有漏缝时,就有发生空气栓塞的危险,此时进入经脉的空气首先被带到右心房,再进入右心室。如空气量少,则被右心室挤压入肺动脉,并分散到肺小动脉内,最后到毛细血管,因而危害较小。如空气量大,则空气在右心室内将阻塞肺动脉入口,使血液不能进入肺内,引起严重缺氧而立即死亡。

预防空气栓塞,要加强责任心。输血前要反复检查所用器具。输血中要随时观察输血的速度、输血的装置和动物的反应。

(四)过敏反应

当输血过程中出现呼吸急迫、痉挛,皮肤有麻疹等症状,应停止输血。肌肉注射苯海拉明或 0.1%肾上腺素溶液。

第三节 给 氧

一、概述

给氧又称氧气治疗,人医临床应用已有多年历史。目前应用范围日益扩大,已成为临床上重要治疗方法。除在常压下给氧外,还发展到高压下给氧。氧气治疗用于提高血液的血氧含量,增加对组织细胞的氧供应,提高肺泡内氧浓度或氧分压,以改善机体缺氧状态。氧气治疗用于各种原因引起的组织缺氧而出现的呼吸困难、发绀、脉搏加快等。凡当血液或组织氧合作用不足时,可利用氧吸入疗法以改善缺氧的状态,均能收到很好的疗效。

多年来都是用化学方法制造氧。现今,靠压缩和冷却空气分离氧并将氧充于氧气筒内保存备用。氧气筒应放在氧气筒架内,使之不致倒翻。

利用氧气筒给氧时必须将调节器装在氧气筒之上,在打开氧气筒阀之前,应将流出量的开关转到“关闭”的位置上,而后慢慢打开氧气筒阀,让氧气慢慢进入调节器。因平时吸入的氧气中有一定的水分，纯氧气可使黏膜干燥，所以实行氧气治疗时，湿度的调节很重要。一般是将氧气先通入一个盛 1/2 或 1/3 水的瓶中，这样一方面可以调节湿度，另一方面由水中起泡的情况，可以了解氧气流入的速度，便于随时调节。大动物一般每分钟给氧 2～5 L 为宜。

二、给氧方法

(一)鼻导管法

用鼻导管或橡皮管，先在导管上做从外鼻孔到咽的距离记号，而后将导管经动物下鼻道插入到做记号处，用胶布包绕导管并固定于外鼻孔处。按所需的速度调节氧气流量，氧即可经导管吸入。鼻导管持续用氧者，要及时更换导管，双侧鼻孔交替插管。及时清除鼻腔分泌物，防止导管阻塞而失去用氧作用。

(二)面罩法

利用特制的密闭面罩供动物吸氧的方法，称为面罩法。为了减少机械性无效腔并改善有效的换气，面罩应小到实际合用的程度，并应使面罩尽可能地靠近外鼻孔。但是利用面罩法吸氧，在动物是有很大局限性的，除非动物在麻醉期间，利用面罩短时间给氧是有效的，否则动物必将力求挣脱面罩，致使给氧效果降低。

(三)气管内插管法

气管导管可利用橡皮管、塑料管等。导管的长度应等于由外鼻孔到颈中部的距离，太长的导管可能插到支气管，反而影响了换气。

插管时，可将动物倒卧保定，用开口器打开口腔，并将头颈伸张，将舌向前引出。经口将导管送入咽，趁动物吸气时将导管插入气管。

(四)氧气帐或氧气室

氧气帐吸入法是将动物罩于一特制的塑料帐幕中，通过机械装置将氧输入帐幕内，大动物可将动物头部放置帐幕中。这样动物可以不直接与氧治疗器械相接处，即可获得较高浓度的氧吸入。

氧气帐或氧气室由于所需器械设备复杂，氧气室专门修建以及特殊管理，故不易普及。

(五)静脉注射过氧化氢

静脉注射过氧化氢，作为抢救休克的一种措施已用于临床。

用 50％葡萄糖 10 倍稀释未启封的 3％过氧化氢，配成 0.3％过氧化氢液，每次 5～20 mL，作静脉推注用。过氧化氢是一种强氧化剂，进入血液后能迅速释出分子氧和热量，从而为细胞提供了充足的氧和热量，减少无氧代谢过程，缓解酸中毒，改变微循环的缺氧状态，恢复机体的正常功能。

(六)皮下注射氧气

皮下注射氧气，其目的不是直接改善缺氧，而是利用其刺激作用作为某些疾病的辅助治疗。皮下注射时，可以利用一个三通衔接管接于注射器与穿刺针之间，三通衔接管的另一端则与减压后并经流量表控制的氧气筒相连接，根据动物的病情决定给氧量和次数。

(七)高压氧

正常大气压下氧运转有两种形式：一种是直接以物理状态溶解于血浆内，由于其量极微，在氧转运功能上不占重要地位。另一种是氧与血红蛋白相结合，形成氧合血红蛋白，氧主要以这种形式运转。

根据气体溶解定律，在一定温度下，气体的溶解量与其压强成正比。因此，在高压下吸氧能提高氧分压，增加血氧含量和组织氧储备。并能相应提高血浆内以物理状态溶解的氧，便于组织利用。

高压下吸氧，可在大型密闭加压舱中进行。高压氧对急性中毒引起的缺氧，以及肺水肿有良好的疗效。

三、注意事项

(1)采用氧气治疗时要严格遵守操作规程，注意用氧安全，切实做好“四防”：即防震、防火、防热、防油。氧气筒内压力很高，搬运时避免倾倒撞击，防止爆炸。氧气助燃，氧气筒应放于阴凉处，在筒周围严禁烟火和易燃品，至少距火炉 5 m、暖气片 1 m。氧气表及螺旋口上勿涂油，也不可用带油的手拧螺旋，尤其是采用高压氧时，油脂与高压氧后可迅速氧化而产生高热，轻则可熔蚀器械上的金属，缩短器械寿命，重则引起火灾。

(2)用氧过程中，正确评估患病动物脉搏、血压、精神状态、皮肤颜色、温度与呼吸方式等有无改善，从而衡量氧疗效果，选择适当的用氧浓度。

(3)对未用或已用空的氧气筒，应分别悬挂“满”或“空”的标志，以便及时调换氧气筒，并避免急用时搬错而影响抢救速度。

第九章 实验动物尸体剖检

实验动物尸体剖检是实验动物病理学的一个组成部分，通过运用病理学知识检查尸体的病理变化，来研究疾病发生、发展的规律。病理解剖学的研究主要依靠这种方法。

通过尸体剖检，一方面，通过对实验动物进行病理解剖观察，分析死亡原因，对实验结果进行判定等；另一方面，对于一些群发性疾病如传染病和寄生虫病，通过尸体剖检可以及早做出诊断，及时采取有效的防治措施。此外，尸体剖检资料的积累为各种疾病的综合研究提供了重要的数据。

尸体剖检，常按一定的目的而进行。按剖检目的不同，尸体剖检分为诊断学剖检、科学研究剖检和法医学剖检 3 种。诊断学剖检的目的在于查明动物发病和致死的原因；科学研究剖检以学术研究为目的；法兽医学的剖检则以解决与兽医有关的法律问题为目的。三者各依其目的要求来考虑剖检方法和步骤。

脏器的检查最好在采出的当时进行，因此时脏器还保持着原有的湿润度和色泽。如果采出过久，由于受周围环境的影响，脏器的湿润度和色泽会发生很大的变化，使检查发生困难，进而影响结果判定。但边采出边检查的方法，在实际工作中也时感不便。如在对胸腹腔脏器的概况了解不够的情况下进行检查，特别是对大小肠的检查，往往会花很多时间，而且又会影响重点的检查。所谓重点是指与患病动物发病和致死原因有关的病变。腹腔、胸腔和颈部各器官和患病动物发病致死等问题的关系最密切，所以这 3 部分脏器采出之后，就要进行检查。检查后，再按需要采出和检查其他各部分。至于这 3 部分脏器的检查顺序应服从疾病的情况，即先取与发病和致死的原因最有关系的脏器进行检查，与该病理过程发生发展有联系的器官可一并检查。总之，检查顺序服从于检查目的，不应墨守成规。检查中已有重点，既要细致搜索和观察病变，又要照顾到全身一般性检查。

第一节 尸体外观检查

外部检查是在剥皮之前检查尸体的外表状态。

(1)实验动物：品种、品系、性别、年龄、毛色、特征、体态等。

(2)营养状态：可根据肌肉发育，皮肤和被毛状况来判断。瘦弱动物的肋骨、脊椎、髋、结节、坐骨结节等都显著突出，皮肤缺乏弹性而粗硬，被毛粗乱而无光泽。

(3)皮肤：注意被毛的光泽度，皮肤的厚度、硬度及弹性，有无脱毛、褥疮、溃疡、脓肿、创伤、肿瘤、体外寄生虫等，有无粪泥和其他病产物的污染。

此外，还要注意检查有无皮下水肿和气肿。有皮下水肿时患部隆起，触之有捏粉样硬度，或有波动感。贫血、营养不良、慢性传染病、严重寄生虫病、慢性心脏病和肾脏病、慢性胃肠病、造血系统疾病和肝脏疾病等等，都可能引起全身性水肿。有气肿时患部隆起，指压有捻发音，且有气泡逃散感，此时要结合动物其他变化和临床资料，分析水肿和气肿发生的原因。

(4)天然孔(眼、鼻、口、肛门、外生殖器等)：首先检查各天然孔的开闭状态，有无分泌物、排泄物及其性状、量、色、味和浓度等。对天然孔的观察，有助于进一步注意该系统的内部病变。其次应注意可视黏膜的检查。检查眼结膜、鼻腔、口腔、肛门、生殖器的黏膜。其变化往往能反映机体内部的状况。着重注意黏膜色泽变化。黏膜苍白，是内出血或贫血的征象，黏膜紫红色，是淤血的标志，剖检时应注意循环系统的疾病。如黏膜发黄，可能是黄疸，应注意肝脏、胆囊、胆管、十二指肠以及血液中病原体的检查。天然孔黏膜的出血，可能是传染病或中毒性疾病的症状之一。

(5)尸体变化：实验动物死亡后，舌尖伸出卧侧口角外，由此可以确定死亡时的位置。尸体变化的检查，有助于判定死亡发生的时间、位置，并与病理变化相区别。

第二节　腹腔脏器的检查

(1)腹腔的剖开：先从腋窝部沿肋骨弓至剑状软骨部作第一切线，再从髋结节前至耻骨联合作第二切线，切开脂肪层和腹壁肌层。然后用刀尖将腹膜切一小口，以左手食指和中指插入腹腔内，手指的背面向腹内弯曲，使肠管和腹膜之间有一空隙，将刀尖夹于两指之间，刀刃向上，沿上述切线切开腹壁。此时左侧腹壁被切成楔形，左手保持三角形的顶点，徐徐向下翻开，露出腹腔。

(2)腹腔的视检：应在腹腔剖开后立即进行。其内容包括：①腹腔液的数量和性状；②腹腔内有无异常内容物，如气体、血凝块、胃肠内容物、脓汁、寄生虫、肿瘤等；③腹膜的性状，是否光滑，有无充血、出血、纤维素、脓肿、瘘管、破裂、肥厚等；④腹腔脏器的位置和外形，注意有无变位、扭转、粘连、破裂、肿瘤、寄生虫结节以及淋巴结的性状；⑤横膈膜的紧张程度、有无破裂。

(3)脾脏的检查：将网膜剥离，检查脾门部血管和淋巴结，测量脾脏的长、宽、厚，称其重量。观察其形态和色彩、包膜的紧张度，有无肥厚及瘢痕形成。用手触摸脾的质度（坚硬、柔软、脆弱)，然后作一两个纵切，检查脾髓、滤泡和脾小梁的状态，有无结节、坏死、梗死和脓肿等。以刀背刮切面，检查脾髓的质度。在败血症的脾脏，常显著肿大，色膜紧张，质度柔软，色褐红。切面突出，结构模糊，往往流出多量煤焦油样血液。脾脏淤血时，脾亦显著肿大变软。但如增生显著而炎性充血和渗出不显著时，则质度坚实。此时，外形虽肿大，但切面平滑。滤泡显著增生时，其轮廓显明。萎缩的脾脏，色膜肥厚皱缩，脾小梁纹理粗大而明显。

(4)肝脏的检查：先检查肝门部，对动脉、静脉、胆管和淋巴结进行检查。然后检查肝脏的形态、大小、色泽、包膜性状，有无出血、结节、坏死等。最后切开肝组织，观察切面的色泽、含血量、血管和胆管的性状。注意切面是否隆突，肝小叶结构是否清晰，有无脓肿、寄生虫性结节和坏死等。肝萎缩时，边缘锐薄或呈皮革样。肝肿大时，则边缘钝圆，切面外翻。肝硬化时，质度坚硬，表面不平，切面可见有间质增生的灰白色条纹。急性淤血时，其静脉怒张，含多量紫红色血液，肝小叶中央部呈暗红色。慢性淤血时，肝小叶则呈槟榔样。急性营养不良性变化时，切面浑浊而呈不同程度的灰黄色，肝脏肿胀、贫血，肝小叶结构不清，质度脆弱。如肝组织发生坏死时，则肝脏的表面和切面呈黄土色，肝小叶的形象完全消失，出现不同程度的出血，质如软泥，指压即碎裂。

(5)胰腺的检查:检查胰腺的大小、色泽和质度,然后沿胰腺的长径作切面,检查有无出血、寄生虫和坏死等变化。必要时用探针插入胰管,并沿之切开,检查管腔的内容和管壁的性状。

(6)肾脏的检查:先检查肾脏的形态、大小、色泽和质度,注意包膜的状态,正常时,包膜菲薄透明,容易剥离,且表面光润。有结缔组织增殖时,则包膜可与肾实质发生粘连,不易剥离。包膜剥离后,检查肾表面的色泽、有无出血、瘢痕、梗死等病灶。然后由肾的外侧面向肾门部将肾脏纵切为相等的两半,检查切面皮质和髓质的厚度、色泽、境界部血管的状态和组织结构的纹理。正常时皮质呈暗红色,缺血时则色泽变淡,肾小球在阳光下呈灰色小体。在病态下,如显著淤血时呈紫红色。发生浊肿或脂变时,则因肿胀、贫血和肾曲小管的变质而呈灰黄色。肾小球充血、出血时则其景象鲜明,表现为较大的红点。肾小球性肾炎时,肾小球肿大,并视充血的明显与否而呈灰色或红色颗粒状。最后检查肾盂,注意其容积、有无积尿、积脓、结石等,以及其黏膜面的性状。必要时还得检查输尿管和膀胱,注意有无结石,膀胱充盈度,尿液色泽和性质,以及黏膜有无充血、出血、水肿、坏死、溃疡等变化。

(7)肾上腺的检查:检查其形态、大小、色泽和质度,然后作横切,检查皮质和髓质的厚度和色泽。正常时皮质部因蓄积类脂质而呈不同程度的黄色,类脂质缺乏时,则黄染的色泽消失。

(8)胃和十二指肠的检查:如怀疑胆管和胰管有病变时,应将十二指肠连同肝、胰一起采出。进行检查后,再加以分离。在一般情况下,则十二指肠与肝、胰分离,和胃一同检查。胃的检查:先观察其大小、浆膜面的色泽、有无粘连、胃壁有无破裂或穿孔等,然后用肠剪由贲门沿大弯剪至幽门。如胃有破裂时,破裂口一般多靠近大弯,应由侧面剪开,使破裂口完整保留。胃剪开后,检查胃内容物的分量、性状、含水量、气味、色泽、成分、寄生虫等。最后检查胃黏膜的色泽,注意有无肿胀、充血、溃疡、肥厚等病变。

(9)十二指肠的检查:是沿肠系膜附着部剪开十二指肠,先检查肠内容物,然后检查黏膜面。其要求同胃检查。

(10)小肠和大肠的检查:先检查肠管浆膜面的色泽,有无粘连、肿瘤、寄生虫结节等。然后剪开肠管,剪开的方法,小肠、小结肠和直肠沿肠系膜附着部剪开,盲肠沿纵带由盲肠底剪至盲肠尖。大结肠从盲结口开始,沿大结肠纵带剪开。在剪开时,随翻随检查,注意肠内容物的数量、性状、气味、有无血液、异物、寄生虫等。除去肠内容物,检查肠黏膜的性状,注意有无肿胀,发炎、充血、出血、肠石、寄生虫和其他病变。

第三节　胸腔脏器的检查

(1)胸腔的剖开:剖开胸腔前,必须先用刀切除切线部的软组织,并切除与胸廓相连的腹壁,锯断骨骼。为检查胸腔的压力,可用刀尖在胸壁的中央部刺一小孔,此时如听到空气突入胸腔的音响,横膈膜向腹腔后退,即证明胸腔为负压(正常)。同时检查肋骨的高度、肋骨和肋软骨结合的状态。

胸腔剖开的方法有两种:一种是将横隔的左半部从左季肋部切下,在肋骨上下两端切离肌肉并作二切线,用锯沿切线锯断肋骨两端,即可将左侧胸腔全部暴露。另一种是用骨剪剪断近胸骨处的肋软骨,用刀逐一切断肋间肌肉,分别将肋骨向背侧扭转,使肋骨小头周围的关节韧带扭断，一根一根分离，最后使左侧胸腔露出。

(2)胸腔的视检：①胸腔液的数量和性状；②胸腔内有无异常内容物，如气体、血液、脓汁、寄生虫、肿瘤、脱出的腹腔器官等；③胸膜的性状，正常的胸膜光滑、湿润而有光泽，注意有无出血、充血、炎症，肥厚和粘连等病变；④肺脏的色彩、体积、退缩程度，纵隔和纵隔淋巴结、食道、静脉、动脉有无变化等。

(3)心脏的检查：先检查心脏纵沟、冠状沟的脂肪量和性状，有无出血。然后检查心脏的外形、大小、色泽及心外膜的性状。检查心外膜后，切开心脏检查心腔。方法是沿纵沟左侧的切口，切至肺动脉起始部；再沿左纵沟右侧的切口，切至主动脉起始部；然后将心脏翻转过来，沿右纵沟左右约 2 cm 处作平行切口，切至心尖部与左侧心切口相连接，切口再通过房室口切至左心房及右心房。经过上述切线，心脏全部剖开。

切开心脏过程中，注意检查心脏中血液的含量(正常时左心室空虚，右心室有少量凝血)和性状（窒息、败血症、中毒时，血液凝固不全)。检查心内膜的色泽、光滑、透明度和有无出血，各个瓣膜(主动脉瓣、肺动脉瓣、左右房室瓣)、腱索是否肥厚，有无血栓形成和组织增生或缺损等病变。对心肌的检查，注意各部心肌的厚度、色泽、质度、有无出血、瘢痕、变性和坏死等病变。此外，还要检查主动脉和肺动脉的内膜，注意色泽，有无粗糙、坏死及钙化等病变。

(4)肺脏的检查：检查肺脏之前，先检查肺门淋巴结和纵隔淋巴结，注意其大小、色泽、质度和切面状况，有无充血、出血、坏死、化脓和增生等病变。

检查肺时，先检查肺的体积、外形、肺膜的色泽，光滑和边缘的状态，表面有无出血和炎性渗出物附着，有无萎陷或气肿病灶。并用手触摸各肺叶，检查有无硬块、结节，有病变处即作切面进一步检查。然后用剪刀顺着气管、支气管剪开肺脏，检查支气管壁的厚度、黏膜的性状，有无炎症或寄生虫以及渗出物或异物等。最后将左右肺叶作纵切和横切，检查各切面的色泽、含血量和有无炎症、结节，以及肺实质、间质、支气管和血管的变化。

第四节 盆腔脏器的检查

雄性动物骨盆腔脏器的检查，先分离直肠并进行检查。再检查包皮、龟头，然后由尿道口沿阴茎腹侧中线至尿道骨盆部剪开，检查尿道黏膜的状态。再由膀胱顶端沿其腹侧中线向尿道剪开，使与以上剪线相连。检查膀胱黏膜、尿量、色泽。将阴茎横切数段，检查有无病变。睾丸和附睾检查其外形、大小、质度和色泽，观察切面有无充血、出血、瘢痕、结节、化脓和坏死等。最后检查输精管、精囊、尿道球腺。

雌性动物骨盆腔脏器的检查，直肠检查同于雄性动物，膀胱和尿道检查，由膀胱顶端起，沿腹中线剪至尿道口，检查内容同前。检查阴道和子宫时，先观察子宫的大小、子宫体和子宫角的形状，然后用肠剪伸入阴道，沿其背中线剪开阴道、子宫颈、子宫体、直至左右两侧子宫角的顶端。检查阴道子宫颈、子宫内腔和黏膜面的性状、内容物的性质；并注意阔韧带和周围结缔组织的状况。其次检查输卵管和卵巢。输卵管的检查，一般采取触摸，必要时还应剪开，注意有无阻塞、管壁厚度、黏膜状态。卵巢的检查，注意其外形、大小、重量和色泽等，然后作纵切，检查黄体和滤泡的状态。

第五节　口腔、颈部器官的检查

舌、咽喉气、管、食道的检查，检查舌黏膜，并按需要纵切或横切舌肌，检查其结构。如发现舌的侧缘有创伤或瘢痕时，应注意对同侧臼齿进行检查，检查咽喉部分的黏膜和扁桃体，注意有无发炎、坏死或化脓。剪开食道，检查食道黏膜的状态，食道壁的厚度，有无局部扩张和狭窄，食道周围有无肿瘤、脓肿等病变。剪开喉头和气管，检查喉头软骨、肌肉和声门等有无异常，气管黏膜面有无病变或病理性附着物。

第六节　脑的检查

颅腔剖开：先从第一颈椎部横切，取下头部。然后切离颅顶和枕骨髁部附着的肌肉。将头放平，在紧靠额骨颧突后缘作一横行锯线，再从枕骨大孔沿颅顶两侧，经颞骨鳞状部作左右两条弧形锯线，使额与上述横锯线的外端相连接。锯时注意勿伤及脑组织，对于未全锯断的骨组织，可用锤凿断裂。然后用骨凿插入锯口，揭去颅顶骨，颅腔即可暴露。颅顶骨除去后，观察骨片的厚度和其内面的形态，检查硬脑膜。沿锯线剪开硬脑膜，检查硬脑膜和蜘蛛膜，注意脑膜下腔液的容量和性状。然后用剪刀或外科刀将颅腔内的神经、血管切断。细心地取出大脑、小脑，再将延脑和垂体取出。

脑的检查：先观察脑膜的性状，正常脑膜透明、平滑、湿润、有光泽。在病理情况，可以出现充血、出血和脑膜浑浊等病理变化。然后检查脑回和脑沟的状态，如有脑水肿、积水、肿瘤或脑充血等病变时，脑沟内有渗出物蓄积，脑沟变浅，脑回变平。并用手触检各部分脑实质的质度，脑实质变软是急性非化脓性炎症的表现，脑实质变硬是慢性脑炎时神经胶质增多或脑实质萎缩的结果。最后作脑的内部检查，先用脑刀（应先用水湿润过）伸入纵沟中，自前而后，由上而下，一刀经过胼胝体、穹隆、松果体、四叠体、小脑蚓突、延脑，将脑切成两半。脑切开后，检查脉络丛的性状及侧脑室有无积水，第三脑室、导水管和第四脑室的状态。再横切脑组织，切线相距 2～3 cm，注意脑质的湿度、白质和灰质的色泽和质度，有无出血、坏死、包囊，脓肿、肿瘤等病变。脑垂体的检查，先检查其重量、大小，然后行中线纵切，观察切面的色泽、质度、光泽和湿润度等。由于脑组织极易损坏，一般先固定后，再行切开检查。脑的病变主要依靠组织学检查。

第七节　尸体剖检的安全防护

一、尸体剖检的注意事项

尸体剖检前，应先了解患病动物的生前病史、临床化验、检查和临床诊断等。还要了解治疗情况、饲养管理和临死前的表现等方面。然后，仔细检查尸体体表特征以及天然孔、黏膜、被毛、皮肤等有无异常等。如果发现疑似传染病时，应采取尸体末梢血液作涂片染色检查。确诊为传染病时，应禁止剖检。同时将尸体和被污染的场地、器具等进行严格的消毒和处理。患传染病动物的尸体剖检，可在病理剖检室内进行，以便消毒和防止病源扩散。

二、剖检人员的防护

剖检人员应穿着工作服，外罩胶皮或塑料围裙，戴胶手套、线手套、工作帽、口罩、护目镜、穿胶鞋。在剖检时不慎碰破皮肤时，应立即消毒和包扎。

在剖检过程中要注意清洁和消毒，常用清水和消毒液洗去剖检人员手上和刀剪等器械上的血液、脓液和各种排泄物，以免沾染到剖检人员皮肤或黏膜上，造成感染。

三、尸体消毒和处理

剖检前应在尸体表面喷洒消毒液，搬运尸体，应先用浸透消毒液的棉球堵住天然孔。运送的工具都要严格消毒。患传染病的动物尸体应严密包装，交专门机构处理。

第十章　实验性动物模型制作技术

第一节　概　述

医学研究常常使用动物模型作为临床和实验假说的试验基础。人类疾病的发生发展是十分复杂的，要深入探讨其发病机制及其防治措施，离不开动物实验。许多研究不可能也不允许在人体上进行试验，因而可以通过在动物身上复制出类似人类的各种疾病及某些生命现象来进行研究，进而推论到人类，从而实现探索人类的生命奥秘，以控制人类疾病的目的。

人类疾病的动物模型(animal model of human diseases)是指医学研究中建立的具有人类疾病模拟表现的动物实验对象和相关材料。使用动物模型是现代科学技术中一种便于认识生命科学客观规律的实验方法和手段。通过对动物模型的间接性研究，进而有意识地改变那些在自然条件下不可能或不容易排除的因素，以便更加准确地观察模型的实验结果，并将研究结果推及人类疾病，从而有助于更方便、更有效地认识人类疾病的发生、发展规律和研究防治措施。

人类疾病的动物模型的研究，实质上是实验动物的应用科学。研究者可利用各种动物的生物学特性和疾病特点，与人类疾病进行比较研究。长期以来，人们发现选用人体作为实验对象来推动医学发展是困难的，临床所积累的经验在时间和空间上都存在着局限性，许多实验在道义和方法上还受到许多限制，而动物模型的吸引力就在于它克服了这些缺点，因而受到越来越多的医学科研工作者的重视。人类疾病动物模型的意义如下。

1. 避免人体实验造成的危害

临床上对一些疾病的研究不可能在人体上重复进行，如急性和慢性呼吸系统疾病研究时很难重复环境污染的作用，而用动物代替人体作为实验对象，就可以在人为设计的实验条件下反复观察和研究。因此，复制动物模型，除了能克服在人体研究中经常会遇到的伦理和社会限制外，还允许采用某些不能应用于人体的方法和途径，甚至为了需要可以损伤动物组织、器官或牺牲动物。

2. 提供发病率低、潜伏期长和病程长的疾病材料

遗传性、免疫性、代谢性和内分泌、血液等疾病在临床上发病率较低。研究人员可以有意识地选用在动物种群中发病率高的或复制出各种模型进行研究探索，如再生障碍性贫血的发病率较低，可通过不同方法复制出模型进行研究。

临床上肿瘤、慢性气管炎、动脉粥样硬化等疾病，发生发展缓慢，潜伏期长，病程亦长，有的可能数年至数十年，在人体很难进行3代以上的观察，而动物则可进行几十代的观察。

3. 可增加方法学上的可比性

一般来说，疾病的发生是复杂的，病人的年龄、性别、体质、遗传，甚至社会因素都与疾病的

发生发展有关。若采用动物来复制疾病模型，可选择相同品种、品系、性别、年龄、体重、活动性、健康状态，甚至遗传和微生物等方面严加控制的各种等级实验动物，用单一的病因作用复制成各种疾病模型，实验时也可严格控制温度、湿度、光照、噪声、饮料等条件。这样，对某种疾病及其过程的研究就可排除其他影响因素，使所得到的结果更准确，研究更为深入。

4. 样品易得，分析实验简化

动物模型作为人类致病的“复制品”，可按所需采集各种样品，及时或分批牺牲动物收集标本，以了解疾病全过程，这在临床上是难以办到的。发展小型化实验动物更有利于动物的管理和实验操作。

5. 有助于更全面地认识疾病的本质

某些病原体可使人类致病，又可引起动物感染。在不同个体其临床表现各有特点，通过对人畜共患病进行比较研究，可以充分认识同一病原体在不同机体内引起的损害，对该疾病有更全面系统的了解，以确定疾病的发生机制。

一、实验性动物模型的概念

实验性动物模型(experimental animal model)又称诱发性动物模型，是指研究者通过使用物理的、化学的、生物的和复合的致病因素作用于动物，造成动物组织、器官或全身一定的损害，出现某些类似人类疾病时的功能、代谢或形态结构方面的病变，即人为地诱发动物产生类似人类疾病的模拟表现。如切断犬的冠状动脉分支复制心肌梗死模型；应用羟基乙胺复制大鼠急性十二指肠溃疡模型；以柯萨奇B族病毒复制小鼠、大鼠、猪等心肌炎模型。即使人类同一疾病可用多种方式，多种动物诱发类似的动物模型。如采用手术摘除犬、大鼠等胰腺；化学物质链脲佐菌素损伤地鼠胰岛细胞，接种脑炎、心肌炎病毒于小鼠，复制糖尿病动物模型。还有近年来发展迅速的转基因动物模型的建立等。

诱发性动物模型的特点在于制作方法简便，实验条件比较简单，其他因素容易控制，在短时间内可以复制大量的动物模型。但其也存在一定的局限，比如，诱发的动物模型与自然产生的疾病模型在某些方面有所不同，而且有些人类疾病不可以用人工方法诱发出来。

二、实验性动物模型的分类

(一)物理因素诱发动物模型

常见物理因素如机械损伤、放射线损伤、气压、手术等许多因素。使用物理方法复制的动物模型如外科手术方法复制大鼠急性肝衰动物模型、放射线方法复制大鼠萎缩性胃炎动物模型、手术方法复制大鼠肺水肿动物模型以及放射线复制的大、小鼠、犬的放射病模型等。采用物理因素复制动物模型比较直观、简便，是较常见的方法。

(二)化学因素诱发动物模型

常见的化学因素如化学药物致癌、化学毒物中毒、强酸强碱烧伤、某种有机成分的增加或者减少导致营养性疾病等。应用化学物质复制动物模型，应用*D*-氨基半乳糖复制大鼠肝硬化动物模型、以乙基亚硝基脲复制大鼠神经系统肿瘤动物模型、以缺碘饲料复制大鼠缺碘性甲状腺肿动物模型和应用胆固醇、胆盐、甲硫氧嘧啶及动物脂肪复制鸡、兔、大鼠的动脉粥样硬化症动物模型。不同品种的动物对化学药物耐受量不同，在应用时应引起注意。有些化学药物代谢易造成许多组织、器官损伤、有可能影响实验观察，应在预实验中摸索好稳定的实验条件。

(三)生物因素诱发动物模型

常见的生物因素如细菌、病毒、寄生虫、生物毒素等。在人类疾病中,由生物因素导致发生的人畜共患病(传染性或非传染性)占很大的比例。传染病、寄生虫病、微生物学和免疫学等研究经常使用生物因素复制动物模型。以福氏Ⅳ型痢疾杆菌或志贺氏杆菌复制猴的细菌性痢疾动物模型;以锥虫病原体感染小鼠,复制锥虫病小鼠动物模型;以钩端螺旋体感染豚鼠,复制由钩端螺旋体引起的肺出血动物模型。

(四)复合因素诱发动物模型

以上3种诱发动物模型的因素都是单一的,有些疾病模型应用单一因素诱发难以达到实验的需要,必须使用多种复合因素诱导才能复制成功,这些动物模型的复制往往需要时间较长,方法比较繁琐,但其与人类疾病比较相似。如复制大鼠或豚鼠慢性支气管炎动物模型可使用细菌加寒冷方法或者香烟加寒冷,也可使用细菌加 SO_2 等方法来复制;以四氯化碳(40%棉籽油溶液)、胆固醇、乙醇等因素复制大鼠肝硬化动物模型;以二甲基偶氮苯胺和 ^{60}Co γ-射线方法复制大鼠肝癌动物模型。

第二节 实验性动物模型的制作原则

生物医学科研专业设计中常要考虑如何建立动物模型的问题,因为很多说明疾病及疗效机制的实验不可能或不应该在病人身上进行。常要依赖于复制动物模型,但一定要进行周密设计,设计时要遵循下列一些原则。

一、相似性

在动物身上复制人类疾病,目的在于从中找出可以推演应用于病人的有关规律。外推法(extrapolation)要冒风险,因为动物与人到底不是一种生物。例如在动物身上无效的药物不等于临床无效,反之亦然。因此,设计动物病症模型的一个重要原则是,所复制的模型应尽可能近似于人类疾病的情况,能够找到与人类病症相同的动物自发性疾病当然最好。但与人类完全相同的动物自发性疾病模型毕竟不可多得,往往需要人工加以复制。为了尽量做到与人类疾病相似,首先要注意动物的选择。例如,小鸡最适宜做高脂血症的模型,因为它的血浆甘油三酯、胆固醇以及游离脂肪水平与人十分相似,低密度和极低密度脂蛋白构成也与人类相似。其次,为了尽可能做到模型与人类相似,还要在实践中对模型制作方法不断加以改进。例如,结扎兔阑尾血管,固然可能使阑尾坏死穿孔并导致腹膜炎,但这与人类急性梗阻性阑尾炎合并穿孔和腹膜炎不一样,如果给兔结扎阑尾基部需保留原来的血液供应,由此而引起的阑尾穿孔及腹膜炎就与人的情况相似,因而是一种比较理想的方法。

如果动物模型与临床情况不相似,在动物身上有效的治疗方案就不一定能用于临床。例如,动物内毒素性休克(endotoxin shock),单纯给动物静脉输入细菌及其毒素所致的休克,与临床感染性(脓毒性)休克(septic shock)就不完全一样,因此对动物内毒素性休克有效的疗法长期以来不能被临床医生所采用。

为了判定所复制的模型是否与人相似,需要进行了一系列的检查。例如有人检查了动脉压、心率、呼吸频率、动脉血 pH、动脉血氧分压和二氧化碳分压、静脉血乳酸盐浓度及血容量等指标,发现一次定量放血法造成的休克模型与临床出血性休克十分相似,因此认为此复制法的出血性休克模型是一种较理想的模型。同理,按中医理论用大黄喂小鼠使其出现类似于人的“脾虚症”,如果又按中医理论用四君子汤把它治好,那么就有理由把它看成人类“脾虚症”的动物模型。

二、重复性

理想的动物模型应该是可重复的,甚至是可以标准化的。例如用一次定量放血法可百分之百造成出血性休克,百分之百死亡,这就符合可重复性和达到了标准化的要求。又如用犬做心肌梗死模型理论上很合适,因为它的冠状动脉循环与人相似,而且在实验动物中它最适宜做暴露心脏的开胸手术,但犬结扎冠状动脉的后果差异太大,不同犬同一动脉同一部位的结扎,其后果很不一致,无法预测,无法标准化。相反,大小鼠、地鼠和豚鼠结扎冠脉的后果就比较稳定一致,可以预测,因而可以标准化。

为了增强动物模型复制时的重复性,必须在动物品种、品系、年龄、性别、体重、健康状况、饲养管理;实验及环境条件,季节、昼夜节律、应激、室温、湿度、气压;实验方法步骤;药品生产厂家、批号、纯度规格、给药剂型、剂量、途径、方法;麻醉、镇静、镇痛等用药情况;仪器型号、灵敏度、精确度;实验者操作技术熟练程度等方面尽量保持一致,因为一致性是重现性的可靠保证。

三、可靠性

复制的动物模型应该力求可靠地反映人类疾病,即可特异地、可靠地反映某种疾病或某种机能、代谢、结构变化,应具备该种疾病的主要症状和体征,经化验或X光照片、心电图、病理切片等证实。若易自发地出现某些相似病变的动物,就不应加以选用,易产生与复制疾病相混淆的疾病者也不宜选用。例如铅中毒可用大鼠做模型,但有缺点,因为它本身容易患动物地方性肺炎及进行性肾病,后者容易与铅中毒所致的肾病相混淆,不易确定该肾病是铅中毒还是其本身的疾病所致。用蒙古沙鼠就比较容易确定,因为一般只有铅中毒才会使它出现相应的肾病变。

四、适用性和可控性

供医学实验研究用的动物模型,在复制时,应尽量考虑到今后临床应用和便于控制其疾病的发展,以利于研究的开展。如雌激素能终止大鼠和小鼠的早期妊娠,但不能终止人的妊娠。因此,选用雌激素复制大鼠和小鼠终止早期妊娠的模型是不适用的,因为在大鼠和小鼠筛选带有雌激素活性的药物时,常常会发现这些药物能终止妊娠,似乎是有效的避孕药,但用于人则并不成功。所以,如果知道一个化合物具有雌激素活性,用这个化合物在大鼠或小鼠观察终止妊娠的作用是没有意义的。又如选用大小鼠作实验性腹膜炎就不适用,因为它们对革兰氏阴性菌具有较高的抵抗力,不容易造成腹膜炎。有的动物对某致病因子特别敏感,极易死亡,也不适用。如犬腹腔注射粪便滤液引起腹膜炎很快死亡(80%,24 h内死亡),来不及做实验治疗观察,而且粪便剂量及细菌菌株不好控制,因此不能准确重复实验结果。

五、易行性和经济性

在复制动物模型时,所采用的方法应尽量做到容易执行和合乎经济原则。灵长类动物与人最近似，复制的疾病模型相似性好，但稀少昂贵，即使猕猴也不可多得，更不用说猩猩、长臂猿。幸好很多小动物如大小鼠、地鼠、豚鼠等也可以复制出十分近似的人类疾病模型。它们容易做到遗传背景明确，体内微生物可以控制，模型性显著且稳定，年龄、性别、体重等可任意选择，而且价廉易得、便于饲养管理，因此可尽量采用。除非不得已或一些特殊疾病（如痢疾、脊髓灰质炎等）研究需要外，尽量不用灵长类动物。除了在动物选择上要考虑易行性和经济性原则外，而且在模型复制的方法上、指标的观察上也要注意这一原则。

第三节　实验性动物模型的制作方法及应用

一、肿瘤动物模型

（一）诱发性肿瘤动物模型

1.肝癌

二乙基亚硝胺（DEN）诱发大鼠肝癌（carcinoma of the liver）：取体重 250 g 左右的封闭群大鼠，雌雄均可。按性别分笼饲养，除给普通食物外，饲以致癌物，即用 0.25%DEN 水溶液灌胃，剂量为 10 mg/kg，每周 1 次，其余 5 d 用 0.025%DEN 水溶液放入水瓶中，任其自由饮用，共约 4 个月即可诱发成肝癌。亚氨基偶氮甲苯（OAAT）诱发小鼠肝癌：用 1%OAAT 溶液（约 0.1 mL/mg）涂在动物的两肩胛间皮肤上，隔日一次，每次 2～3 滴，一般涂 100 次。实验后 7～8 周即可出现一个肝肿瘤，7 个月以上可诱发小鼠肝肿瘤约 55%。黄曲霉素诱发大鼠肝癌：每日饲料中含(10～15)×10^{-9} g/m^3，混入饲料中喂 6 个月后，肝癌诱发率达 80%。

2.肺癌

二乙基亚硝胺（DEN）诱发小鼠肺癌（carcinoma of the lung）：小鼠每周皮下注射 1%DEN 水溶液 1 次，每次剂量 56 mg/kg，DEN 总剂量达到 868 mg，观察时间为 100 d 左右时，癌诱发率可达 40%，而 DEN 总剂量达到 1 176 mg，观察时间为半年左右时，癌诱发率可达 94%。

（二）移植性肿瘤动物模型

目前临床所用的抗肿瘤药中，大多数是经动物移植性肿瘤试验筛选而发现的。由于此种模型优点很多，如使一群动物同时接种同样量的瘤细胞，生长速率比较一致，个体差异较小，接种成活率近 100%，试验条件易于控制等，因此广泛应用于医学研究中。

1.动物选择

移植性肿瘤常用的动物为小鼠和大鼠，根据瘤细胞株选择适宜的荷瘤动物，如近交系、远交系或杂交一代动物等，雌雄均可。所用动物必须发育良好，身体健康。

2.肿瘤移植

（1）实体瘤移植：选择皮下接种后 7～10 d，肿瘤生长旺盛且无破溃，而动物健康状况较好的荷瘤动物，颈椎脱臼处死后，肿瘤部位消毒，切开皮肤，选择生长良好且无坏死或液化的瘤组织。在无菌平皿内，剪成 2～3 mm^2 的小块，平皿内放少许消毒生理盐水或其他营养液，并将平皿放置在冰块上。用无菌套管针抽吸或向套管针内塞进一小瘤块，接种于同种受体动物右前肢腋窝皮下或实验需要的部位（接种部位皮肤预先消毒）。如果接种的动物数量较多，可制备细胞悬液接种。

（2）腹水瘤移植：选择接种后 7～10 d，健康情况较好的动物，颈椎脱臼处死，腹部皮肤消毒后，用空针抽取腹水，腹水以含葡萄糖的无菌平衡盐水（如 Hank 液、Gey 液或洛氏液）稀释至适当浓度，作腹腔注射（接种成腹水瘤）或皮下注射（接种成实体瘤）。一般瘤细胞浓度保持在 $(2.5 \sim 3.0) \times 10^7$/mL，每只鼠接种 0.2 mL。

二、消化系统疾病动物模型

（一）病毒性肝炎动物模型

病毒性肝炎动物模型（animal model of viral hepatitis）的常用复制方法是注射乙型肝炎病人血清复制乙型肝炎模型。但大部分实验动物对甲型肝炎病毒不易感染，我国已有报道红面猕猴、恒河猴、野生树鼩接种病毒后出现人甲型肝炎现象。近年来还发现某些鸭肝炎病毒的特征与人肝炎病毒十分相似，故鸭作为人肝炎模型也开始增多，另外，随着转基因动物研究的不断深入，转基因动物也可能会成为人类肝炎研究的首选动物模型之一。

（二）肝硬化动物模型

肝硬化动物模型（animal model of hepatocirrhosis）复制方法：将 *D*-氨基半乳糖用生理盐水配成 10%溶液，用 1 mol/L NaOH 将 pH 调至 7.0，以 250 mg/kg 的剂量给大鼠腹腔内注射，每天 1 次共 6 个月左右。

三、呼吸系统疾病动物模型

（一）慢性支气管动物模型

慢性支气管动物模型（animal model of chronic bronchitis）常选用大鼠、豚鼠或猴吸入刺激性气体（如二氧化硫、氯、氨气等）复制人类慢性支气管炎。现发现猪黏膜下腺体与人类相似，且经常发生气管炎及肺炎，故认为猪是复制人类慢性支气管炎较合适的动物。用去甲肾上腺素可以引起人类相似的气管腺体肥大。

（二）哮喘动物模型

常选用豚鼠复制过敏性哮喘。用生理盐水配成 4%卵蛋白生理盐水溶液作致敏原，给每只（250 g 体重）豚鼠肌注 0.1 mL，并腹腔注射百日咳疫苗 2×10^{10}/只。致敏后 13～14 d，将豚鼠置于 4 L 的密闭玻璃罩中，用恒压（53.2 kPa）喷入卵蛋白溶液 30 s。致敏动物在此雾室内十几秒钟到数分钟内，就出现不安，呼吸加紧加快，然后逐渐减慢变弱，甚至出现周期性呼吸，直至呼吸停止而死亡。

四、泌尿系统疾病动物模型

急性血清病性肾炎动物模型（animal model of acute serum sickness nephritis），用牛血清蛋白 250 mg/kg 一次性注入兔静脉，注射后 2 周，在肾小球系膜区可见免疫复合物和补体的沉积，系膜细胞和内皮细胞增生，肾小球和肾间质内炎性细胞浸润，其病理特征类似于人类毛细血管内增生性肾小球肾炎。

五、心血管系统疾病动物模型

（一）动脉粥样硬化动物模型

除田鼠和地鼠外，一般温血动物只要用适当的方法，都能诱发出动脉粥样硬化的斑块病变。较常用的动物有兔、猪、犬、大鼠、鸽、鹌鹑、小鼠和非人灵长类。其中兔是最早用于制造高脂血症和动脉粥样硬化模型的动物，至今仍最多采用。

1.兔

选择体重 2 kg 左右的兔，将胆固醇加工至饲料中让兔自由食入，胆固醇日摄入量 150～200 mg/kg，经 3～4 个月即可形成明显的动脉粥样硬化症。

2.小鼠

雄性小鼠饲以 1%胆固醇及 10%猪油的高脂饲料，7 d 后血清胆固醇即升为(8.88±0.39)mmol/L，若在饲料中再加入 0.3%的胆酸，连饲 7 d，血清胆固醇可高达(13.72±0.93)mmol/L。

(二)心肌梗死动物模型

复制心肌梗死动物模型(animal model of myocardial infarction)所选用的动物大多为哺乳动物，其中最常用的是犬，其他还有兔、小牛、猪、豚鼠、大鼠等。

结扎冠状动脉是制作心肌梗死动物模型的最常用的方法。一般选用成年健康犬或家兔，麻醉后开胸，多结扎其冠状动脉前降支阻断心肌供血，引起病变；也有人采用闭胸式选择性冠状动脉插管法，即在荧光屏下将心导管由麻醉犬的颈动脉切口处插入，沿主动脉壁直抵左窦底部，将其尖端送至左冠状动脉内 2 cm 深处，向导管内注入 120 mg/kg 的汞，形成急性心肌梗死。

六、神经系统疾病动物模型

(一)VEE 病毒性脑炎动物模型

VEE 病毒性脑炎动物模型(animal model of VEE viral cerebritis)的复制方法：选用 180～200 g 体重的 SD 大鼠，腹腔内注射 200 个单位的 Grajira 转 VEE 病毒。接种后脑炎发病率高，表现发热、不适、易怒和瘫痪，在最初 2 周内所见的临床症状和体征与脑炎的急性过程和严重程度相符合。接种后 1～3 个月中枢神经系统可发生严重损害。

(二)癫痫动物模型

家兔肌内注射马桑内脂或噪声刺激大鼠等方法可复制癫痫动物模型(animal of model of epilepsia)。

七、造血系统疾病动物模型

造血系统疾病动物模型，一般是以化学(如白消安、环磷酰胺、苯等化学物质)、物理(如电离辐射)、生物(免疫介导、反转录病毒等)以及转基因等方法，建立贫血、白血病以及出血性疾病的动物模型，为研究造血系统疾病发病机制及探索新的治疗方法提供研究工具。

(一)再生障碍性贫血动物模型

再生障碍性贫血是一组由化学、物理、生物因素及不明原因引起的造血干细胞受损，造血微环境损伤，免疫功能异常，从而导致造血组织减少，造血功能衰竭，全血细胞减少。其主要临床表现为贫血及贫血伴随症状，白细胞减少和由此引起的感染症，以及血小板减少和由此而引起的出血倾向。慢性再障常起病缓慢，病程较长，多以贫血起病，并以贫血为主要表现，出血和感染较轻微。目前建立再生障碍性贫血动物模型(animal model of aplastic anemia，AA)的方法归纳起来有化学(白消安、苯等)、物理(如反复照射、注射放射性核素 ^{89}Sr、^{32}P 等)和生物(免疫介导)等方法进行诱导，建立动物模型。

1. 白消安诱发动物再障模型

白消安(myleran、busulphan)为细胞毒药物，具有活跃的烷化基团，能和多种有机物的亲核基团作用，使细胞受损伤而死亡，尤其是对骨髓有选择性抑制作用。1982 年，Gerard 采用白消安对家兔诱发再障。给药方式按每周 15 mg/kg 或 30 mg/kg，将药混悬于水，给动物口服，总给药剂量 118～153 mg/kg，可使家兔发生再障，表现全血细胞减少，淋巴细胞比值增加；骨髓组织学检查：出现不同程度脂肪髓，部分动物骨髓显示网状纤维增加。1984 年，Mcmanus 观察白消安诱发的小鼠再障，发现其 CFU-GM 下降，同时贴壁细胞集落减少，以上发现说明白消安诱发的再障发病机制不仅损害了造血干细胞，而且造血微环境也可能受到损伤。

2. 放射性核素内照射动物引起再障模型

电离辐射如 X 线、放射性核素等达到一定剂量均可导致骨髓抑制，直接损害造血干细胞，也可损害骨髓微环境。

Klassene 等利用放射性核素 ^{89}Sr 能放射出 β 射线及亲骨性的特点，对造血组织进行内照射，将氯化锶按每克体重 222 或 74 kBq 腹腔注射给予 11～12 周龄的小鼠，222 kBq 组动物于 35 d 后全部死亡，74 kBq 组动物全部存活。222 kBq 组的小鼠于 21 d 后股骨骨髓显示为脂肪髓，全血细胞减少，骨髓有核细胞数和 CFG-S 产率都减少。应用 ^{32}P 给小鼠一次静脉注射 51.8 MBq/kg 可导致再障。

(二)缺铁性贫血动物模型

廖清奎等于 1990 年采用低铁饲料辅以定期少量放血的方法建立了大鼠缺铁性贫血动物模型(animal model of iron deficiency anemia，IDA)。方法：取 4 周龄断乳健康大鼠 36 只，雌雄各半，体重 65 g 左右，血红蛋白≥130 g/L，将大鼠随机分为对照组和缺铁性贫血组，两组均喂低铁饲料，其含铁量为 4.8 mg/kg，饮用去离子水，对照组于实验开始给予右旋糖酐铁 5 mg，每周腹腔注射一次。缺铁性贫血组从第 3 周起除给予低铁饮食外，并辅以尾静脉放血每周 2 次，每只每次 1～1.5 mL，经过约 8 周，血红蛋白值≤60 g/L，此时停止放血观察 2 周，血红蛋白值仍呈现继续下降趋势，于第 10 周处死动物测定血红蛋白(Hb)、红细胞计数、平均血红细胞体积(MCV)、平均红细胞血红蛋白(MCH)、平均红细胞血红蛋白浓度(MCHC)、外周血涂片及红细胞形态、血清铁(SI)、总铁结合力(TIBC)、运铁蛋白饱和度(TS)和红细胞内游离原卟啉(FEP)，并作 FEP/Hb 比值的计算。测定结果为：①Hb 值、红细胞计数、血细胞比容均显著降低，MCM、MCH、MCHC 也显著降低，结合外周血红细胞形态大小不等，以小细胞为主，血红蛋白减少，红细胞中央淡染区明显扩大，呈小细胞细胞低色素改变。②血清铁、运铁蛋白饱和度显著降低，总铁结合力增高，细胞内游离原卟啉增高，FEP/Hb 明显增高，说明有小细胞低色素性贫血，确属缺铁性贫血。

八、内分泌及代谢性疾病动物模型

糖尿病动物模型(animal model of diabetes)的复制方法：主要有注射致高血糖因子；手术切除胰腺的全部或大部；用四氧嘧啶(alloxan)破坏胰岛 β 细胞造成胰性糖尿病；注射根皮苷使肾小管对糖的再吸收发生障碍，并破坏酯酶致使葡萄糖磷酸化过程和脱磷酸过程障碍，引起根皮苷糖尿。目前，四氧嘧啶复制的糖尿病动物模型是研究人类糖尿病的较好的方法。

1. 大鼠

实验前 4 d，给大鼠腹腔注射新鲜配制四氧嘧啶溶液(2.5%或 5%生理盐水溶液)，剂量为

12 mg/100 g 。注射后血糖呈几个时相的变化，在注入第 4 天或第 5 天后即可造成持续性高血糖。

2. 家兔

给健康家兔静脉注射四氧嘧啶溶液 150～200 mg/kg，然后进行观察。

3. 犬

实验前 2 周，静脉注入新鲜配制 1%～3% 四氧嘧啶溶液，剂量为 50～60 mg/kg。在注射后 24～48 h，即可出现持久性的高血糖和糖尿。注意所用四氧嘧啶必须现配现用。禁食动物较不禁食动物对四氧嘧啶更敏感，通常实验前禁食 18～24 h。

九、妇产科疾病动物模型

妊娠高血压综合征（简称妊高征）历来是产科研究的重点，但目前尚未建立理想的动物模型，由于妊高征的病理生理与内毒素引起的 DIC 有相似之处，最近有人据此给孕兔注入内毒素，成功地建立了具有妊高征主要临床表现和组织学改变的动物模型（animal model of hypertensive syndrome in pregnancy）。此外，有人对自发性高血压的动物腹腔内给予 Streptosozocin，建立了妊娠同时合并高血压和糖尿病的动物模型，为研究遗传性高血压和糖尿病对妊娠的影响及探索相应的治疗方法提供了有益的实验手段。

雌性兔，体重 2.0～2.2 kg，在控制室温和光照的室内饲养（光照上午 5 时至下午 5 时），动物自由进食和水，实验前每天阴道涂片检查确定动情期，雌性兔于动情期与雄兔于一室生活一夜，动情期后 1 d 作为妊娠的 0 d。在妊娠后第 1 天将兔麻醉，以一导管插入妊兔右侧颈静脉，使得以无压输注内毒素。将 1.0 μg/kg 内毒素总量溶于 2 mL 无致热原的盐水中，于妊娠 14 d 通过颈静脉插管输入，输入时间为 1 h。孕兔于第 8 天至 14 天、15 天、16 天、19 天、20 天、21 天上午 9 时和 12 时测量收缩压，在妊娠第 6 天、12 天、15 天和 19 天进行尿蛋白检查，在妊娠 14 d 输注内毒素前和 15 d、20 d 检查血小板数目。根据实验需要还可做肾组织病理检查等。

十、儿科疾病动物模型

维生素 D（V-D）可从食物中摄取，即外源性 V-D，另外，皮肤中 7-脱氢胆固醇经日光紫外线照射后转变 V-D，即内源性 $V\text{-}D_3$。内源性及外源性 $V\text{-}D_3$ 无生物活性，因此阻断饲料中维生素 D 摄入，减少光照，可制成维生素 D 缺乏佝偻病动物模型（animal model of Vitamin D deficiency rickets）。佝偻病模型建立较方便、可行、重复性好，可采用不同动物。

1. 大鼠

较为常用。多选用 20～21 d 断奶大鼠给予不含维生素 D 的饲料，常见配方 TD79180 Teklad Madison WI，Teklad Diet 170670，美国 Numerof 改良的 USP NO. 2 缺 D 饲料配方。饲料中不含维生素 D，钙、磷的含量根据实验设计确定。大鼠饲养于避光环境，于 21 d、30 d、55 d、77 d 活杀。大鼠在饲养 20～30 d 时血清钙磷降低，碱性磷酸酶增高；骨 X 线片显示先期钙化带模糊，干骺端毛糙，毛刷状改变；骨病理切片显示软骨细胞向骨干呈舌岛状增生，骨线化参差不齐，提示佝偻病动物模型建立成功。

2. 猪

用不含维生素 D 的饲料喂养母猪，避光饲养，产仔后继续原饲料喂养，仔猪于 6～12 周时出现佝偻病体征。检测血清 1-羟化酶活力增高，表示猪佝偻病模型建立成功。在治疗 4 周后（1，25-$(OH)_2D_3$ 1 mg/d），佝偻病仔猪 1-羟化酶无变化，提示佝偻病仔猪系 1，25-$(OH)_2D_3$ 产生的先天性缺陷。

十一、传染性疾病动物模型

传染病（infections diseases）是由病原体所引起并能在人或人和动物间相互传染的疾病。复制传染性疾病动物模型以生物因素作为最常用的手段。但是，复制传染性疾病动物模型应根据病原体的生物安全等级在相应等级的实验室进行，以免对人、动物及环境造成新的危害。

流行性出血热动物模型

1. 鼠类模型

鼠类模型最早被用于流行性出血热（epidemic hemorrhagic fever，EHF）（又称肾综合征出血热，hemorrhagic fever with renal syndrome，HFRS）。病毒分离和实验研究的动物来自非疫区的黑线姬鼠，但因易发生实验室感染，其应用逐渐受到限制。以后相继发现，实验研究的一些动物如大鼠、长爪沙鼠甚至家兔等也对出血热病毒易感，但并不发病。进一步研究发现，一些乳龄动物如乳小鼠、长爪沙鼠乳鼠和裸鼠等不仅易感，而且发病。2～4 日龄乳小鼠对出血热病毒极易感，接种后可引起全身弥漫性感染，主要侵犯毛细血管内皮细胞，造成多个脏器出血、坏死，脑组织的病变尤为突出，并成为致死的原因。应用免疫组织化学方法，可在各组织脏器见病毒抗原的表达，也可以检出大量病毒，以脑内病毒浓度最高。乳小鼠模型的建立至少有以下几方面的意义：①获得较高滴度的病毒，提供诊断用抗原及研制疫苗作的毒种材料；②用于研究不同来源毒种的毒力及测定疫苗的抗原性和保护作用；③用于药物的筛选。

2. 灵长类模型

研究者用出血热病毒感染 5 只新生猕猴，在脾、淋巴结、胸腺、肝和肺中可检出出血热病毒抗原并分离出病毒，以脾、淋巴结和胸腺组织中病毒滴度较高，出现早，持续时间长，可产生类似出血热患者的病毒血症及类似人类感染后的特异性抗体 IgG 和 IgM 应答。

十二、寄生虫动物模型

（一）疟疾模型

用伯氏疟原虫及约氏疟原虫血传配子体接种入小鼠腹腔，或用诺氏疟原虫感染恒河猴，这类模型常用于抗疟药物筛选。

（二）日本血吸虫病模型

多种哺乳类动物可作为终期宿主，先用娩出法取得尾蚴，再经皮肤接种于大鼠、豚鼠或家兔、猫、犬等。

第十一章　感染动物实验管理技术

第一节　概　　述

使用感染性物质(如细菌、病毒等)感染动物进行相关问题研究的实验叫做感染动物实验。随着医学、生物学的发展,感染动物实验技术越来越多地被应用在科研、医药等领域,为医学、生物学事业做出卓越的贡献。同时,由于此类实验要使用存在危害或潜在危害的感染性物质,因而开展感染动物实验工作需要对病源微生物种类,生物危害程度分级,生物安全水平分级,感染动物实验室设施和设备要求,感染动物饲养装置,感染动物实验的个人防护,感染动物实验室的管理等方面进行了解。

一、病源微生物种类

根据病原微生物的传染性、感染后对个体或者群体的危害程度,将病原微生物分为 4 类:

第一类病原微生物,是指能够引起人类或者动物非常严重疾病的微生物,以及我国尚未发现或者已经宣布消灭的微生物。

第二类病原微生物,是指能够引起人类或者动物严重疾病,比较容易直接或者间接在人与人、动物与人、动物与动物间传播的微生物。

第三类病原微生物,是指能够引起人类或者动物疾病,但一般情况下对人、动物或者环境不构成严重危害,传播风险有限,实验室感染后很少引起严重疾病,并且具备有效治疗和预防措施的微生物。

第四类病原微生物,是指在通常情况下不会引起人类或者动物疾病的微生物。

二、生物危害程度分级

根据生物因子对个体和群体的危害程度将其分为 4 级。

1. 危害等级Ⅰ(低个体危害,低群体危害)

不会导致健康工作者和动物致病的细菌、真菌、病毒和寄生虫等生物因子。

2. 危害等级Ⅱ(中等个体危害,有限群体危害)

能引起人或动物发病,但一般情况下对健康工作者、群体、家畜或环境不会引起严重危害的病原体。实验室感染不导致严重疾病,具备有效治疗和预防措施,并且传播风险有限。

3. 危害等级Ⅲ(高个体危害,低群体危害)

能引起人类或动物严重疾病,或造成严重经济损失,但通常不能因偶然接触而在个体间传播,或能使用抗生素、抗寄生虫药治疗的病原体。

4. 危害等级Ⅳ（高个体危害，高群体危害）

能引起人类或动物非常严重的疾病，一般不能治愈，容易直接或间接在人与人、动物与人或动物与动物之间传播的病原体。

三、生物安全水平分级

根据所操作的生物因子的危害程度和采取的防护措施，把生物安全防护水平（biosafety level，BSL）分为 4 级，Ⅰ级防护水平最低，Ⅳ级防护水平最高。以 BSL-1、BSL-2、BSL-3、BSL-4 表示实验室的相应生物安全防护水平；以 ABSL-1、ABSL-2、ABSL-3、ABSL-4 表示动物实验室的相应生物安全防护水平。

第二节　感染动物实验室设施和设备要求

一、BSL-1 实验室

(1)选址，普通建筑物即可，但应有防止节肢动物和啮齿动物进入的设计。

(2)每个实验室应设洗手池，宜设置在靠近出口处。

(3)在实验室门口处应设挂衣装置，个人便装与实验室工作服分开放置。

(4)实验室的墙壁、天花板和地面应平整、易清洁、防渗水、耐化学品和消毒剂的腐蚀。地面应防滑，不得铺设地毯。

(5)实验台面应防水，耐腐蚀、耐热。

(6)实验室中的橱柜和实验台应牢固。橱柜、实验台彼此之间应保持一定距离，以便于清洁。

(7)实验室如有可开启的窗户，应设置纱窗。

(8)实验室内应保证工作照明，避免不必要的反光和强光。

(9)应有适当的消毒设备。

二、BSL-2 实验室

(1)满足 BSL-1 的要求。

(2)实验室门应带锁并可自动关闭。实验室的门应有可视窗。

(3)应有足够的存储空间摆放物品以方便使用。在实验室工作区域外还应当有供长期使用的存储空间。

(4)在实验室内应使用专门的工作服；应戴乳胶手套。

(5)在实验室的工作区域外应有存放个人衣物的条件。

(6)在实验室所在的建筑内应配备高压蒸汽灭菌器，并按期检查和验证，以保证符合要求。

(7)应在实验室内配备生物安全柜。

(8)应设洗眼设施，必要时应有应急喷淋装置。

(9)应通风，如使用窗户自然通风，应有防虫纱窗。

(10)有可靠的电力供应和应急照明。必要时，重要设备如培养箱、生物安全柜、冰箱等应设备用电源。

(11)实验室出口应有在黑暗中可明确辨认的标志。

三、BSL-3 实验室

应在建筑物中自成隔离区(有出入控制)或为独立建筑物。

1.布局

(1)由清洁区、半污染区和污染区组成。污染区和半污染区之间应设缓冲间。必要时,半污染区和清洁区之间应设缓冲间。

(2)在半污染区应设供紧急撤离使用的安全门。

(3)污染区与半污染区之间、半污染区和清洁区之间应设置传递窗,传递窗双门不能同时处于开启状态,传递窗内应设物理消毒装置。

2.围护结构

(1)实验室围护结构内表面应光滑、耐腐蚀、防水,以易于消毒清洁;所有缝隙应可靠密封,防震、防火。

(2)围护结构外围墙体应有适当的抗震和防火能力。

(3)天花板、地板、墙间的交角均为圆弧形且可靠密封。

(4)地面应防渗漏、无接缝、光洁、防滑。

(5)实验室内所有的门应可自动关闭;实验室出口应有在黑暗中可明确辨认的标志。

(6)外围结构不应有窗户;内设窗户应防破碎、防漏气及安全。

(7)所有出入口处应采用防止节肢动物和啮齿动物进入的设计。

3.送排风系统

(1)应安装独立的送排风系统以控制实验室气流方向和压力梯度。应确保在使用实验室时气流由清洁区流向污染区,同时确保实验室空气只能通过高效过滤后经专用排风管道排出。

(2)送风口和排风口的布置应该是对面分布,上送下排,应使污染区和半污染区内的气流死角和涡流降至最低程度。

(3)送排风系统应为直排式,不得采用回风系统。

(4)由生物安全柜排出的经内部高效过滤的空气可通过系统的排风管直接排出。应确保生物安全柜与排风系统的压力平衡。

(5)实验室的送风应经初、中、高三级过滤,保证污染区的静态洁净度达到 7 级到 8 级。

(6)实验室的排风应经高效过滤后向空中排放。外部排风口应远离送风口并设置在主导风的下风向,应至少高出所在建筑 2 m,应有防雨、防鼠、防虫设计,但不应影响气体直接向上空排放。

(7)高效空气过滤器应安装在送风管道的末端和排风管道的前端。

(8)通风系统、高效空气过滤器的安装应牢固,符合气密性要求。高效过滤器在更换前应消毒,或采用可在气密袋中进行更换的过滤器,更换后应立即进行消毒或焚烧。每台高效过滤器安装、更换、维护后都应按照经确认的方法进行检测,运行后每年至少进行一次检测以确保其性能。

(9)在送风和排风总管处应安装气密型密闭阀,必要时可完全关闭以进行室内化学熏蒸消毒。

(10)应安装风机和生物安全柜启动自动连锁装置,确保实验室内不出现正压和确保生物安全柜内气流不倒流。排风机一备一用。

(11)在污染区和半污染区内不应另外安装分体空调、暖气和电风扇等。

4.环境参数

(1)相对室外大气压,污染区为－40 Pa(名义值),并与生物安全柜等装置内气压保持安全合理压差。保持定向气流并保持各区之间气压差均匀。

(2)实验室内的温度、湿度符合工作要求且适合于人员工作。

(3)实验室的人工照明应符合工作要求。

(4)实验室内噪声水平应符合国家相关标准。

5.特殊设备装置

(1)应有符合安全和工作要求的Ⅱ级或Ⅲ级生物安全柜,其安装位置应离开污染区入口和频繁走动区域。

(2)低温高速离心机或其他可能产生气溶胶的设备应置于负压罩或其他排风装置(通风橱、排气罩等)之中,应将其可能产生的气溶胶经高效过滤后排出。

(3)污染区内应设置不排蒸汽的高压蒸汽灭菌器或其他消毒装置。

(4)应在实验室入口处的显著位置设置带报警功能的室内压力显示装置,显示污染区、半污染区的负压状况。当负压值偏离控制区间时应通过声、光等手段向实验室内外的人员发出警报。还应设置高效过滤器气流阻力的显示。

(5)采用双路供电电源。如难以实现,则应安装停电时可自动切换的后备电源或不间断电源,对关键设备(生物安全柜、通风橱、排气罩以及照明等)供电。

(6)应在污染区和半污染区出口处设洗手装置。洗手装置的供水应为非手动开关。供水管应安装防回流装置。不得在实验室内安设地漏。下水道应与建筑物的下水管线完全隔离,且有明显标志。下水应直接通往独立的液体消毒系统,集中收集,经有效消毒后处置。

6.其他

(1)实验台表面应防水,耐腐蚀、耐热。

(2)实验室中的家具应牢固。为便于清洁,实验室设备彼此之间应保持一定距离。

(3)实验室所需压力设备(如泵、压缩气体等)不应影响室内负压的有效梯度。

(4)实验室应设置通讯系统。

(5)实验记录等资料应通过传真机、计算机等手段发送至实验室外。

(6)清洁区设置淋浴装置。必要时,在半污染区,设置紧急消毒淋浴装置。

四、BSL-4 实验室

BSL-4 实验室根据生物安全柜的类型和防护服的不同,可以分为安全柜型、正压服型和混合型实验室。

(一)安全柜型 BSL－4 实验室

1.选址

实验室应建成独立的建筑物或在公共建筑物中独立的完全隔离区域中建造,该建筑物应远离城区。

2.布局

(1)由清洁区、半污染区和安放有Ⅲ级生物安全柜的污染区组成。清洁区包括外更衣室、淋浴室和内更衣室。相邻区由缓冲间连接。

(2)应在半污染区和清洁区墙上、半污染区和污染区墙上设置不排蒸汽的双扉高压灭菌器和浸泡消毒渡槽或熏蒸消毒室或带有消毒装置的通风互锁传递窗,以便传递或消毒不能从更衣室携带进出的材料、物品和器材。

(3)污染区和半污染区墙上设置不排蒸汽的双扉高压灭菌器应与Ⅲ级生物安全柜直接相连。

(4)半污染区应设紧急出口,紧急出口通道应设置缓冲间和紧急消毒处理室。

3. 围护结构

按 BSL-3 的规定。

4. 送排风系统

排风应连续经过两个高效过滤器处理。其他要求按 BSL-3 的规定。

5. 环境参数

按 BSL-3 的规定。

6. 安全装置及特殊设备

应有符合安全和工作要求的Ⅲ级生物安全柜。其他要求按 BSL-3 的规定。

7. 其他

按 BSL-3 的规定。

(二)正压服型 BSL-4 实验室

由 BSL-4 级实验设施、Ⅱ级生物安全柜和具有生命支持供气系统的正压防护服组成。

1. 选址

按 BSL-4 的规定。

2. 布局

(1)由清洁区、半污染区和安放有Ⅱ级生物安全柜的污染区组成,相邻区由缓冲间连接。清洁区包括外更衣室、淋浴室、内更衣室(可兼缓冲间),污染区、半污染区之间的缓冲间应设化学淋浴装置,工作人员离开实验室时,经化学淋浴对正压防护服表面进行消毒。

(2)其他要求按 BSL-4 的规定。

3. 围护结构

按 BSL-4 的规定。

4. 送排风系统

按 BSL-4 的规定。

5. 环境参数

按 BSL-4 的规定。

6. 安全装置及特殊设备

(1)应使用Ⅱ级外排风型生物安全柜。

(2)进入污染区的工作人员应穿着正压防护服。生命保障系统包括提供超量清洁呼吸气的正压供气装置,报警器和紧急支援气罐。工作服内气压相对周围环境应为持续正压,并符合要求。生命保障系统应有自动启动的紧急电源供应。

(3)其他要求按 BSL-4 的规定。

7.其他

按 BSL-4 的规定。

(三)混合型 BSL-4 实验室

在本级实验设施基础上,使用Ⅲ级生物安全柜和具有生命支持供气系统(正压防护服)。同时符合本标准 BSL-4 的全部要求。

五、动物生物安全实验室

动物生物安全实验室的防护除应满足生物安全实验室的要求外,还应考虑对动物呼吸、排泄、毛发、抓咬、挣扎、外逃、动物实验(如染毒、医学检查、取样、解剖、检验等)、动物饲养、动物尸体及排泄物的处置等过程产生的潜在生物危害的防护。应特别注意对动物源性气溶胶的防护。

应根据动物的种类、身体大小、生活习性、实验目的等选择具适当防护水平的、专用于动物的、符合国家相关标准的生物安全柜、动物饲养设施、动物实验设施、消毒设施和清洗设施等。

实验室建筑应确保实验动物不能外逃,有效控制非实验室动物(如野鼠、昆虫等)的进入。实验室设计(如空间、进出通道等)应符合所用动物的需要。

动物实验室空气不应循环。动物源气溶胶应经适当的高效过滤或消毒后排出,不能进入室内循环。

如动物需要饮用无菌水,供水系统应可安全消毒。

动物实验室内的温度、湿度、照度、噪声、洁净度等饲养环境应符合国家相关标准的要求。

(一)ABSL-1 实验室

除满足 BSL-1 的要求外,还应满足以下要求:

(1)建筑物内动物设施应与开放的人员活动区分开。

(2)应安装自动闭门器,当有动物时应保持锁闭状态。

(3)如果有地漏,应始终用水或消毒剂液封。

(4)动物笼具的洗涤应满足清洁要求。

(二)ABSL-2 实验室

除满足 BSL-2 的要求外,还应满足以下要求:

(1)出入口应设缓冲间。

(2)动物实验室的门应当具有可视窗,可以自动关闭,并有适当的火灾报警器。

(3)为保证动物实验室运转和控制污染的要求,用于处理固体废弃物的高压灭菌器应经过特殊设计,合理摆放,加强保养;焚烧炉应经过特殊设计,同时配备补燃和消烟设备;污染的废水必须经过消毒处理。

(三)ABSL-3 实验室

除满足 BSL-3 的要求外,还应满足以下要求:

(1)建筑物应有符合要求的抗震能力,防鼠、防虫、防盗。

(2)由清洁区、半污染区和污染区(动物饲养间)组成。污染区和半污染区之间应设缓冲间。必要时,半污染区和清洁区之间应设缓冲间。

(3)相对室外大气压,污染区为－60 Pa(名义值),并与生物安全柜等装置内气压保持安全合理压差。保持定向气流并保持各区之间气压差均匀。

(4)室内应配备人工或自动消毒器具(如消毒喷雾器、臭氧消毒器)并备有足够的消毒剂。

(5)当房间内有感染动物时,应戴防护面具。

(四)ABSL-4 实验室

应满足 BSL-4 的要求,并符合以下要求:

(1)应增加动物进入的通道。

(2)感染动物应饲养在具有Ⅲ级生物安全柜性能的隔离器内。

(3)动物饲养方法要保证动物气溶胶经高效过滤后排放,不能进入室内。

(4)一般情况,操作感染动物,包括接种、取血、解剖、更换垫料、传递等,都要在物理防护条件下进行。能在生物安全柜内进行的必须在其内进行;特殊情况下,不能在生物安全柜内饲养的大动物或动物数量较多时,要根据情况特殊设计,例如设置较大的生物安全柜和可操作的物理防护设备,尽可能在其内进行高浓度污染的操作。

第三节　感染动物饲养装置

进行感染动物实验时,所使用的实验动物应饲养在特殊的饲养装置中。该装置用以保证工作人员、实验室及外部环境最大限度避免感染物质的侵袭、污染。三级实验脊椎动物生物安全防护实验室中的动物必须置于带有净化通风装置的负压箱笼系统内。四级实验脊椎动物生物安全防护实验室中的动物,在安全柜型实验室中必须置于Ⅲ级生物安全柜中;在穿着正压服型实验室中,工作人员必须穿着正压服,动物则必须置于带有净化通风装置的负压箱笼系统内。

Ⅲ级生物安全柜式饲养装置的特点是:

(1)饲养装置为密闭设备,与实验室隔离,安装有高效过滤器的独立送排风系统。饲养装置压力应低于实验室环境呈负压状态并带有监视压力的压力表(压力差不小于−20 Pa)。

(2)大型动物饲养装置的饲料投放渠道与饮水装置都进行特殊设计,在使用时不会使饲养装置内部与外界直接连通。

(3)大型动物饲养装置设计有独立密闭的排泄物收集系统。

(4)大型实验动物饲养装置在放入、取出物品处设置消毒剂喷洒口,安装有紫外灯,方便对物品进行消毒处理。

(5)大型动物饲养装置设有推进系统,对动物的抓捕及保定操作安全方便。

(6)饲养装置有照明系统,便于观察动物的状况。

常用的感染动物饲养装置有 IVC 装置、独立通风恢复笼、隔离饲养柜、带面风速饲养柜等。

第四节　感染动物实验的个人防护

实验室所用任何个人防护装备应符合国家有关标准的要求。在危害评估的基础上,按不同级别的防护要求选择适当的个人防护装备。实验室对个人防护装备的选择、使用、维护应有明确的书面规定、程序和使用指导。

(一)实验室防护服

实验室应确保具备足够数量的适当防护水平的清洁防护服可供使用。不用时，应将清洁的防护服置于专用存放处。污染的防护服应放置于适当标记的防漏袋中并搬运。

为确保防护服清洁，每隔适当的时间应更换一次，防护服被危险材料污染应立即更换。离开实验室前应脱去防护服。

对具潜在危险的物质可能飞溅外溢的操作，应穿戴塑料围裙或防液体的长罩服。如必要，还应穿戴其他的个人防护装备，如手套、防护镜、面具、头部面部保护罩等。

(二)面部及身体保护

处理样本的过程中，如可产生含生物因子的气溶胶，应在适当的生物安全柜中操作。在处理危险材料时应有安全眼镜、面部防护罩或其他的眼部面部保护装置可供使用。

(三)手套

手套应在实验室工作时可供使用，以防生物危险、化学品、辐射污染，冷和热，产品污染，刺伤、擦伤和动物抓伤等。

手套应具备舒服、合适、灵活、握牢、耐磨、耐扎和耐撕的性质，有关手套的使用方法应对实验室工作人员进行培训。应保证：

(1)手套要求完好无损；

(2)戴好手套后可完全遮住手及腕部，如必要，可覆盖实验室长罩服或外衣的袖子；

(3)实验中如手套破损或内部受污染应更换手套；

(4)在工作完成或中止后应消毒、摘掉并安全处置。

(四)鞋

鞋应舒适，鞋底防滑。推荐使用皮制或合成材料的不渗液体的鞋类。在从事可能出现液体漏出的工作时可穿一次性防水鞋套。在实验室的特殊区域(例如有防静电要求的区域)或BSL-3和BSL-4实验室要求使用专用鞋(例如一次性或橡胶靴子)。

(五)呼吸防护

当要求使用呼吸防护装备(如面具、个人呼吸器、正压服等)时，其使用和维护的作业指导书应包括在相应活动的安全操作程序手册中。呼吸器应严格按照作业指导书及培训的要求使用并安排工作场所监控、医学评估和对呼吸器使用者的监督。应对呼吸器作个体适合性测试。进行容易产生高危害气溶胶的操作时，要求同时使用适当的个人防护装备、生物安全柜或其他物理防护设备。

第五节　感染动物的实验操作

感染动物实验在动物实验操作技术上与普通动物实验相同。因其接触到感染性物质，所以在生物安全要求上对动物实验操作的规范性、细致性、安全性有着更高的要求。

一、动物的保定

动物的保定是安全进行实验的重要保证，动物被感染物质感染，对实验人员存在风险，因此进行感染动物实验操作的安全性尤为重要。

所有的保定工作都要在感染动物饲养装置内或生物安全柜内进行，进行保定操作的工作人员须做好自身防护工作(主要是手及小臂部位接触到动物的部位,需有防止动物伤害的防护)。对于小型实验动物的保定,严格按照操作要求进行,防止被抓伤咬伤造成感染。对于大中型动物,尤其犬、猴及猪等动物在保定时必须注意动物的爪、牙齿及被保定时的挣扎,尽量避免对实验人员造成伤害受到感染及对设备造成损坏。

动物的保定应由对动物习性熟悉,工作经验丰富的工作人员进行操作,捕捉动物时要严格按照操作规程进行。如保定时间较长,则必须使用麻醉剂进行保定。

二、实验操作注意事项

动物保定确实后,给药、取血等简单操作可以在饲养装置中进行,解剖及取病理样本等工作应在生物安全柜中进行。

(一)给药

给药时,应尽量使用一次性注射器。操作时要仔细认真并佩戴防护手套。如动物未进行麻醉,操作更需仔细,避免由于动物挣扎或操作失误被注射器刺伤受到感染。

(二)安全柜内操作

在安全柜内可进行动物解剖,取样等工作。安全柜内的操作应由两人配合完成,要非常仔细认真,避免接触动物组织及血液而受到感染物质侵袭。

按照程序启动安全柜并确认其运行状态良好。在操作前应先将所使用的物品器械及药品试剂准备齐全放入安全柜。

将安死后的动物在饲养装置内用包装袋装好封口,经表面消毒后由饲养装置中取出,送入安全柜。安全柜内放置铺有浸沾消毒液毛巾的不锈钢取样盘,将动物放置在盘上进行操作,防止体液外流污染设备。操作前工作人员需佩戴防护手套,实验人员进行操作时进入安全柜的手臂部分会接触到被感染动物的组织及体液,操作结束完全消毒后手臂才能从生物安全柜门中拿出。解剖取样前,应使用消毒液将动物被毛擦湿防止毛发四散污染设备,应严格按照操作要求细心进行工作。在解剖及取样时,使用尖锐器械时要仔细操作,防止自身被器械伤害而受到感染,同时也需注意动物体中坚硬组织如牙齿、骨骼碎片等将组织有将刺伤人体导致被感染。实验操作完成后,将废弃物装入袋中,使用过的非一次性器械装入盛有消毒液的容器中浸泡消毒,尖锐器械放入耐扎容器内进行浸泡消毒,动物尸体装入包装袋中并加入消毒液浸泡。大型实验动物的尸体需要进行分解,便于消毒彻底。工作人员对安全柜进行彻底清理,使用消毒液擦拭安全柜内部,将使用过的清洁物品装入包装袋。所有需进行高压消毒的包装袋都应使用高压指示胶带进行封口。将装好的废弃物袋表面消毒后由在安全柜外部的工作人员在安全柜门口使用包装袋包装好封口,准备高压消毒。工作人员互相对手臂进行消毒,摘取最外层手套装入包装袋封口,表面消毒后、高压灭菌后,将手臂拿出。待安全柜运行自净数分钟后,再将安全柜关闭,打开紫外灯。

三、特殊物品处理

操作完成后应将使用过的注射器针头取下,放入专用耐扎容器内,针筒收入废弃物袋中,加入消毒液浸泡。将容器和袋口封好,经表面消毒后,送入高压灭菌器进行消毒。

实验时应尽量避免使用玻璃制品的容器。玻璃制品易碎,碎片极易扎伤工作人员造成伤害及感染。如必须使用玻璃制品,在操作时应仔细认真。如实验使用的实验动物是大中型动物，尤其是非人灵长类实验动物，因其上肢灵活且有抓握能力，要防止玻璃物品被动物取得，造成事故。

玻璃物品使用后，应放入耐扎容器中，玻璃容器如玻璃瓶不需封口。装入包装袋表面消毒后从饲养装置或安全柜取出，进行高压灭菌处理。

四、消毒

感染实验室的消毒处理是至关重要的，对于人员和环境都有决定意义。

(一)实验室及设施消毒

感染实验室环境及实验室内设施在使用中需要进行消毒，通常使用紫外灯、消毒液对环境及设施进行常规消毒，以达到杀灭感染物质的效果。当实验室使用完毕需要关闭系统放置，或需要进行系统及设施维护保养时，通常采用甲醛熏蒸的方法，将甲醛熏蒸装置均匀放置在实验室内及饲养装置等接触到感染物质的设施内，通过加热甲醛溶液熏蒸进行全面彻底消毒。此方法穿透力强，消毒灭菌效果好，是目前最佳的实验室内消毒方法。

(二)实验室、物品及动物尸体的消毒

感染实验室所使用的高温高压灭菌器都必须为生物安全型。非一次性物品，都应进行消毒液浸泡、紫外灯照射，方可再次使用。实验产生的废弃物品都需要表面消毒后进行密封包装，经高温高压灭菌器进行物理消毒处理，取出后进行销毁等妥善处理。

(三)实验动物尸体处理

实验动物尸体浸泡消毒液，装在包装袋内，经过高温高压灭菌器处理后取出实验室，需交由专业处理部门进行如焚烧等无害化处理。

(四)检测

所有消毒处理完成后必须进行消毒效果检测，检测合格后方可在实验室外进行相关处理。不得使用过期的消毒液，需定期进行维护，调试消毒装置及消毒效果评估，合格后方可使用。

第六节　感染动物实验室的管理

实验室管理层对所有员工和实验室来访者的安全负责。实验室负责人对整个设施运行负全部责任。应挑选有适当资质和经验的实验室安全负责人协助管理层负责安全事宜。安全负责人应制定、维护和监督有效的实验室安全计划。其内容应包括教育、定位及培训、审核及评估、促进实验室安全行为的程序。

实验室安全负责人应有权阻止不安全的活动。如设有安全委员会，实验室安全负责人如果不是该委员会的主任，至少应是该委员会有职权的成员。

实验室负责人应制定规定和程序确保实验室设施、设备、个人防护设备、材料等符合国家有关安全要求，定期检查、维护、更新，确保不降低其设计性能。

(一)员工健康管理

所有人员应有文件证明其对工作及实验室全部设施中潜在的风险受过培训。应要求所有人员根据可能接触的生物接受免疫以预防感染。应保存免疫记录。

(二)安全设计

在考虑建筑新的实验室或计划对已建好的实验室进行结构改造时，应遵守相应的国家、地

方建筑法规和对实验室的专用建筑安全标准。未得到实验室负责人或其指定代表的许可禁止进行建筑或工程作业。

实验室的设计应保证对技术区域中生物、化学、辐射和物理危害的防护水平控制在经过评估的相应风险程度，为关联的办公区和临近的公共空间提供安全的工作环境，及防止风险进入周围社区。通向出口的走廊和通道应无障碍。应对空气的流动速度进行常规监测以保证通风良好和防止潜在传染因子和有害气体的扩散。

实验室的每个出口和入口应可分辨，入口处应有标记，标记应包括国际通用的危险标志（如：生物危险标志、火险标志和放射性标志）以及其他有关的规定的标记。应设紧急出口并有标记以和普通出口区别。紧急撤离路线应有在黑暗中也可明确辨认的标志。

实验室入口应有可锁闭的门，门锁应不得妨碍紧急疏散。房间内的门要安装门锁，未经授权的人员不能进入实验室内；正当操作高危险样本时应有进入限制。存放高危险样本、培养物、化学试剂或供应品，还需采取其他的安全措施，如可锁闭的门、可锁闭的冷冻箱、特殊人员的进入限制等。应评估生物材料、样本、药品、化学品和机密资料被偷盗和被不正当使用的危险，并采取相应措施防范其发生。应有专门设计以确保存储、转运、收集、处理和处置危险物料的安全。实验室内温度、湿度、照度、噪声和洁净度等内环境符合工作要求。

（三）程序

应根据实验对象、生物危害程度评估、研究内容、设施特点、设备具体制定相应的标准操作程序。

（四）记录

1. 职业性疾病，伤害和不利事件记录

应有机制记录并报告职业性疾病、伤害、不利事件或事故以及所采取的相应措施，同时应尊重个人机密。应保持人员培训记录。应包括对每一员工的安全指导和安全预备状态的年度更新资料。

2. 危害评估记录

应有正式的危害评估体系。可利用安全检查表记录危害评估过程。安全审核记录和事件趋势分析记录有助于制定和采取补救措施。

3. 危险废弃物记录

危险废弃物处理和处置记录应是安全计划的一个组成部分。危险废弃物处理和处置、危害评估、安全调查记录和所采取的相应措施记录应按有关规定的期限保存便于查阅。

具有专用书面指导。应标志和评审对孕妇健康和易感人员的潜在危险。应进行危害评估并记录。

（五）事件、伤害、事故和职业性疾病的报告

实验室应有实验室事件、伤害、事故、职业性疾病以及潜在危险的程序报告。所有事件（包括伤害）报告应形成文件，应包括事件的详细描述、原因评估、预防类似事件发生的建议以及为实施建议所采取的措施。事件报告（包括补救措施）应经高层管理者、安全委员会或实验室安全负责人评审。

（六）培训

实验室负责人负责对实验室所有工作人员安全培训计划的实施。培训包括对新员工的指导以及对有经验员工的周期性再培训。应要求员工在某一领域工作前阅读安全手册。员工应书面确认其已接受适当的培训，阅读并理解了安全手册。

第七节 实验室感染控制

上级主管部门应当加强对实验室感染控制工作的组织领导，建立健全实验室感染控制管理制度，并做好督促落实工作。

实验室的设立单位应当指定专门的部门或人员负责实验室感染控制工作，对使用的高致病性病原体进行危害性评估，定期检查实验室安全防护与管理制度的落实情况。

负责实验室感染控制工作的人员应当具有与该实验室中的病原体有关的传染病防治知识，并定期调查、了解实验室工作人员的健康状况。

实验室工作人员出现与本实验室中的高致病性病原体有关的感染临床症状或者体征时，实验室负责人应当向负责实验室感染控制工作的部门或者人员报告，同时派专人陪同及时就诊；实验室工作人员应当将近期所接触的病原体的种类和危险程度如实告知接诊医院。

接诊医院应当及时收治；不具备相应救治条件的，应当依照医疗转诊有关规定将感染的实验室工作人员转至具备相应传染病救治条件的医院救治，不得拒收拒治。

实验室发生高致病性病原体泄漏时，实验室负责人应当立即组织实验室工作人员采取控制措施，防止高致病性病原体扩散，并同时向负责实验室感染控制工作的部门或者人员报告。

负责实验室感染控制工作的部门或者人员接到有关实验室高致病性病原体感染或者泄漏的报告后，应当立即启动实验室应急处置预案，并组织人员对该实验室生物安全状况等情况进行调查；确认发生高致病性病原体感染或者泄漏的，应当在 2 h 内向上级主管部门报告，同时按保障关系通报有关疾病预防控制机构，并采取控制措施，组织对有关疾病预防控制机构，并采取控制措施，组织对有关人员进行医学观察或者隔离治疗，封闭实验室，防止扩散。

医院发现因实验室感染而引起的与高致病性病原体相关的传染病病人、疑似传染病病人，应当在 2 h 内报告上级主管部门，同时按保障关系通报有疾病预防控制机构。

上级主管部门接到高致病性病原体泄漏或者感染事故的报告，或者发现实验室从事高致病性病原体相关实验活动造成实验感染事故时，立即组织疾病预防控制机构和医院以及其他有关机构依法采取下列预防、控制措施：

(1)封闭发生事故的实验室和可能造成污染的场所；

(2)组织对病人进行隔离治疗，对相关人员进行医学检查；

(3)实施现场消毒；

(4)对密切接触者进行医学观察；

(5)开展流行病调查；

(6)对染疫者疑似染疫的动物采取隔离、扑杀等措施；

(7)其他需要采取的预防、控制措施。

参考文献

[1] 贺争鸣,李冠民.动物实验替代方法概论.北京:学苑出版社,2003,10-14.
[2] 孙靖.实验动物学基础.北京:北京科学技术出版社,2005,160-162.
[3] 王禄增,王捷,于海英.动物暨实验动物福利学法规进展.沈阳:辽宁民族出版社,2004,9-20.
[4] 加拿大动物管理委员会编.实验用动物管理与使用指南.军事医学科学院实验动物中心译.北京:原子能出版社,1993,8-17.
[5] 孙敬方.动物实验方法学.北京:人民卫生出版社,2005,92-109.
[6] 姜曜,张美和,蔡伟.早息停喷雾剂对大鼠阴道黏膜刺激性实验研究.中国现代医药杂志,2007,9(10):32-33.
[7] 袁伯俊,廖明阳,李波.药物毒理学实验方法与技术.北京:化学工业出版社,2007.
[8] 邓小明,朱科明.常用实验动物麻醉.上海:第二军医大学出版社,2001.
[9] 魏泓.医学实验动物学.成都:四川科学技术出版社,1998.
[10] 邹移海,黄韧,连至诚.中医实验动物学.广州:暨南大学出版社,1999.
[11] 施新猷.现代医学实验动物学.北京:人民军医出版社,2000.
[12] 金士翱,林桂芳.临床麻醉学.北京:中国医药科技出版社,1992.
[13] 郑斯聚,段世明.麻醉药理学.北京:中国医药科技出版社,1990.
[14] 林德贵.兽医外科手术学.北京:中国农业出版社,2007.
[15] 侯加法.小动物外科学.北京:中国农业出版社,2000.
[16] 孙靖.屏障设施运行与管理.北京:军事医学科学出版社,2002.
[17] 陈怀涛,许乐仁.兽医病理学.北京:中国农业出版社,2005.
[18] 林德贵.动物外科手术学.3版.北京:中国农业出版社,1997.
[19] 内蒙古农牧学院,华南农业大学.家畜病理学.北京:农业出版社,1981.
[20] 施新猷.医用实验动物学.西安:陕西科学技术出版社,1989.
[21] 魏弘.医学实验动物学.北京:人民卫生出版社,1995.
[22] 郝光荣.实验动物学.2版.上海:第二军医大学出版社,2004.
[23] 刘恩歧.医学实验动物学.北京:人民卫生出版社,2004.

内 容 简 介

本书是晋升中级动物实验技术人员考试的指定培训教材，通篇贯穿动物实验的技能，更注重动物实验的管理；力求内容翔实、系统和新颖，强化与常规动物实验的联系；既有系统的理论知识又有详细的实验操作技术；同时也关注动物实验的发展趋势，强化动物实验中的动物福利。本书也可作为从事生命科学研究、生物制药及质量控制人员的有用的参考书。

图书在版编目(CIP)数据

中级动物实验专业技术人员考试参考教材/李根平，陈振文，郑振辉，孙德明主编. —北京：中国农业大学出版社，2011.10

ISBN 978-7-5655-0406-8

Ⅰ.①中…　Ⅱ.①李…②陈…③郑…④孙…　Ⅲ.①实验动物-人才考核-教材 Ⅳ.①Q95-33

中国版本图书馆 CIP 数据核字(2011)第 177645 号

书　　名　中级动物实验专业技术人员考试参考教材

作　　者　李根平　陈振文　郑振辉　孙德明　主编

策划编辑　孙　勇　宋俊果　　**责任编辑**　洪重光

封面设计　郑　川　　**责任校对**　陈　莹　王晓凤

出版发行　中国农业大学出版社

社　　址　北京市海淀区圆明园西路 2 号　　**邮政编码**　100193

电　　话　发行部 010-62818525，8625　　读者服务部 010-62732336

编辑部 010-62732617，2618　　出　版　部 010-62733440

网　　址　http://www.cau.edu.cn/caup　　**e-mail** cbsszs @ cau.edu.cn

经　　销　新华书店

印　　刷　北京市庆全新光印刷有限公司

版　　次　2011 年 10 月第 1 版　2015 年 4 月第 2 次印刷

规　　格　787×1 092　16 开本　9.75 印张　238 千字

定　　价　35.00 元